カラー図説
生命の大進化40億年史　新生代編

哺乳類の時代──多様化、氷河の時代、そして人類の誕生

土屋 健　著

群馬県立自然史博物館　監修

ブルーバックス

カバー装幀／五十嵐 徹（芦澤泰偉事務所）
カバー写真／アフロ
カバー裏イラスト／橋爪義弘
本文デザイン／天野広和（ダイアートプランニング）
画像調整／柳澤秀紀

はじめに

壮大にして深淵な、生命史の世界へみなさんを案内しましょう。

「生命の大進化40億年史シリーズ」の〝第3巻〟、新生代編です。

新生代は、今から約6600万年前に始まって、現在まで続きます。マンモスやサーベルタイガーなど、多くの哺乳類が登場した時代です。

今回もまず、最初にお断りをしておきます。

本書は、「生命の大進化40億年史シリーズの〝第3巻〟」という位置付けではありますが、シリーズの〝第1巻〟である「古生代編」や、〝第2巻〟である「中生代編」をお読みになられていなくても、楽しむことができます。それこそ「哺乳類が好き！」というみなさまは、ぜひ、ご遠慮なく、「最初の一冊」として本書を手に取られてください。

一方で、「生命の歴史が好き！」あるいは、「化石が好き！」というみなさまは、本書を開く前に「古生代編」から手に取られることをお勧めします。本書は「古生代編」や「中生代編」をお読みになられていなくても楽しむことはできますが、「古生代編」「中生代編」と続けて「通史」で読まれることで、よりダイナミックに生命史をご堪能いただけるはずです。あるいは、「恐竜が好き！」

「哺乳類の歴史を最初から追いかけたい！」というみなさんは、ぜひ先に「中生代編」をご覧ください。時代の移り変わりを実感いただけると思います。

さて、新生代編です。

新生代は、約6600万年前から現在まで。古生代や中生代と比べると、圧倒的に短い期間です。しかし地層に残るさまざまな〝情報〟は、新しい時代ほど詳しく、多く、残っています。つまり、〝密度の濃い情報〟という視点でいえば、新生代はとても〝豊富な時代〟です。

そんな新生代は、「古第三紀」「新第三紀」「第四紀」の三つの「紀」に分かれています。

古第三紀は、約6600万年前から約2303万年前までの約4300万年間です。新生代の約65パーセントを、古第三紀が占めています。

約6600万年前に落下した巨大隕石によって大量絶滅事件が勃発し、生態系が崩壊しました。古第三紀の生態系は、その大量絶滅事件からの「急速な回復」に特徴づけられます。大量絶滅事件を生き延びた哺乳類が、温暖な気候のもとで世界中に広がった森林地帯を舞台に瞬く間に多様化し、そして、大型化を開始。生態系の上位にまで駆け上がっていきました。この時代に、現在まで続く哺乳類の各グループの始祖が登場しました。

新第三紀は、約2303万年前から約258万年前までの約2045万年間。古第三紀の終盤に寒冷化に舵をきった気候は、世界各地の森林を縮小させ、草原を拡大させました。この草原を、ウマ類が走り回り、ゾウ類が闊歩《かっぽ》していました。私たち人類の祖先が登場したのも、この新第三紀です。

第四紀は、約258万年前に始まりました。新生代全体からみれば、わずか4パーセントにさえ満たないわずかな時間です。古生代紀以降の地質時代でみれば、0・5パーセント未満。とても短い期間です。

しかし、この期間はかなり濃厚でした。

地球環境は冷え込みます。第四紀は、いわゆる「氷河時代」です。世界の広い範囲が、しばしば分厚い氷に覆われました。そんな時代に、ケナガマンモスは大繁栄し、サーベルタイガーなどの大型の肉食動物たちが狩りに勤しんでいました。人類の活動もいよいよ〝活発〟となります。

新生代初頭に登場した動物群のすべてが、子孫を残すことに成功したわけではありません。その中には、日本を代表する〝奇獣〟であるデスモスチルスの仲間のように、ある期間だけ栄え、そしてグループ丸ごと姿を消したものもいます。

哺乳類だけではありません。地上を走り回っていた巨大な鳥類、さまざまなペンギンたち、超大型のワニ、分厚いホタテなど、新生代を彩る古生物たちは、けっして他の時代に見劣りするものではありません。

ぜひ、本書で、その〝濃密さ〟をご堪能ください。

本書『カラー図説　生命の大進化40億年史　新生代編』は、新生代の始まりから末までを、多数の化石やイラストとともに綴っています。合計117点におよぶ化石画像が、あなたの案内役です。

本書も、群馬県立自然史博物館のみなさまにご監修いただきました。また、収録した標本画像の多くは、国内外の博物館や研究者のみなさまからお借りし、あるいは、許可を得て撮影したものを掲載するものです。

みなさまに、この場にて謝意を。ありがとうございます。

そして、この本を手に取られたあなたにも特大の感謝を。

化石で楽しむ生命史の世界にようこそ。

2023年9月　サイエンスライター　土屋　健

カラー図説 生命の大進化40億年史 新生代編 もくじ

第3章　氷河とともにある時代――第四紀――233

The Evolution of Life 4000MY -Cenozoic-

地質年代

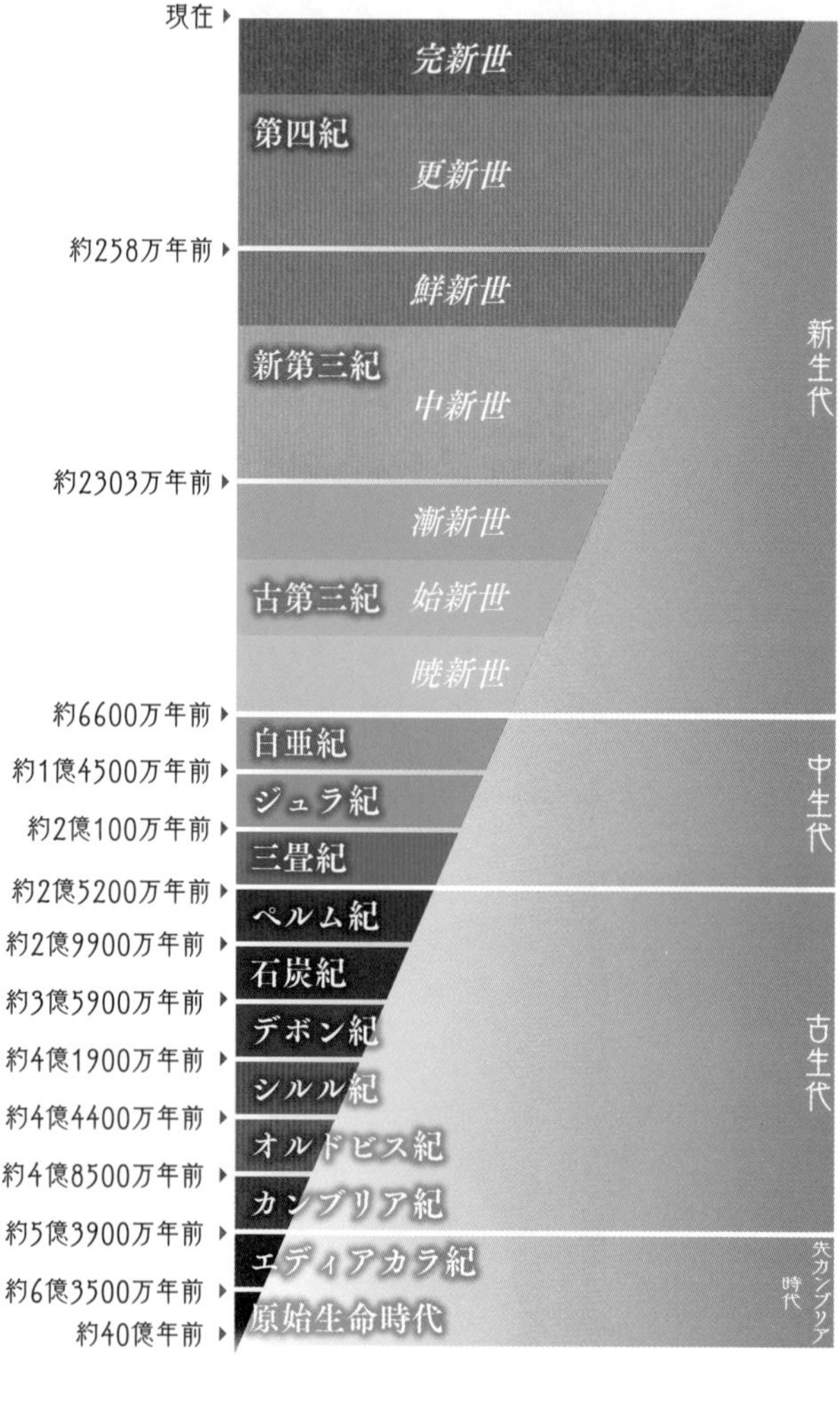
現在
完新世
第四紀
更新世
約258万年前
鮮新世
新第三紀
中新世
約2303万年前
漸新世
古第三紀
始新世
暁新世
約6600万年前
白亜紀
約1億4500万年前
ジュラ紀
約2億100万年前
三畳紀
約2億5200万年前
ペルム紀
約2億9900万年前
石炭紀
約3億5900万年前
デボン紀
約4億1900万年前
シルル紀
約4億4400万年前
オルドビス紀
約4億8500万年前
カンブリア紀
約5億3900万年前
エディアカラ紀
約6億3500万年前
原始生命時代
約40億年前
新生代
中生代
古生代
先カンブリア時代

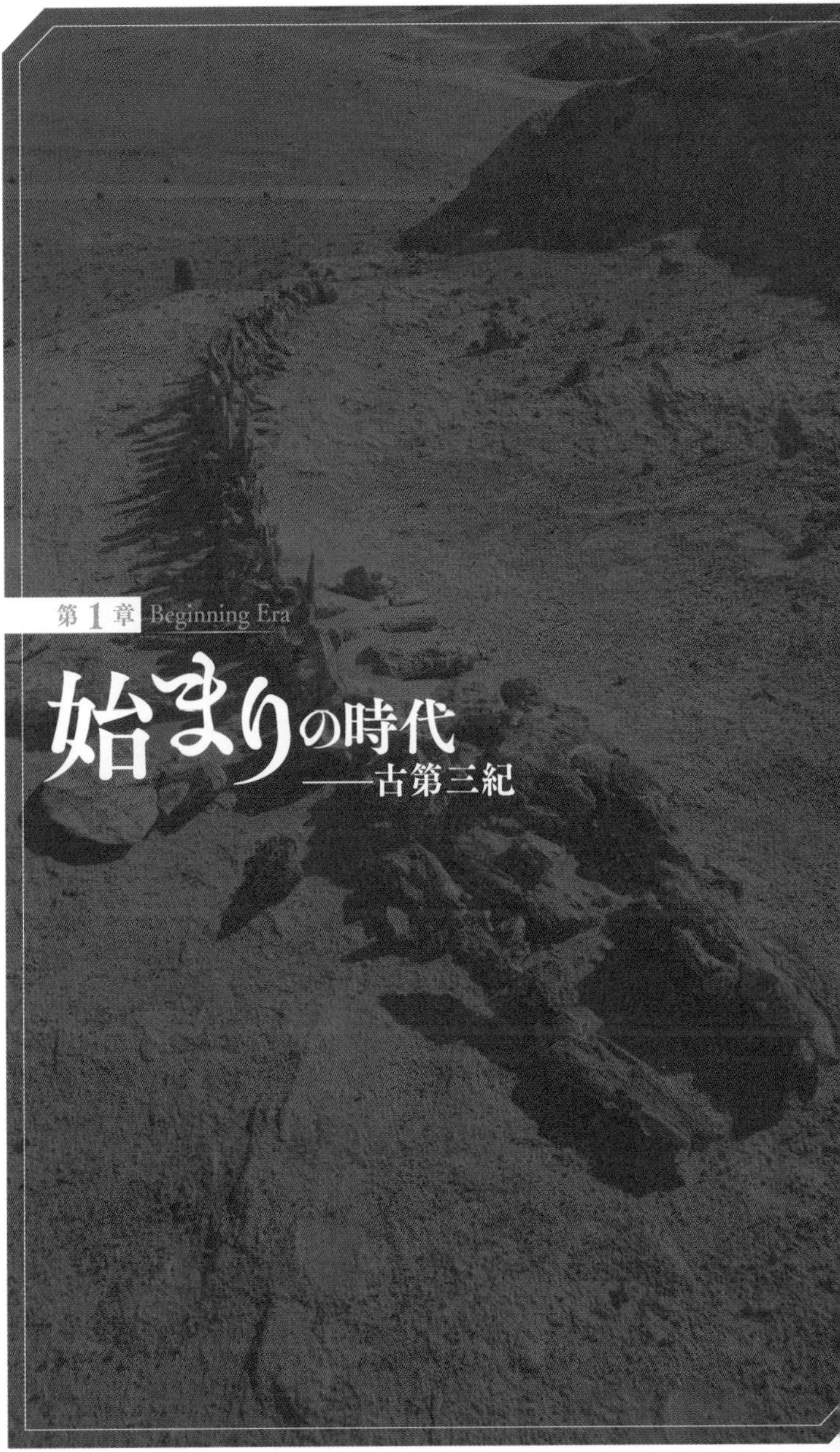

第1章 Beginning Era

始まりの時代
——古第三紀

第1節　大絶滅から一夜明けて——暁新世

今から約6600万年前の白亜紀末、メキシコのユカタン半島の先端付近に、直径約10キロメートルの巨大隕石が落ちた。この隕石をトリガーとして、「衝突の冬」と呼ばれる大規模な寒冷化が発生し、多くの生物が滅んでいった。

陸では、恐竜類が大打撃を受けた。1億6000万年以上の長期にわたって地上に君臨し、空前の大帝国を築き上げていた恐竜類は、その構成員の一つである鳥類をのぞいて姿を消した。海では、クビナガリュウ類やモササウルス類、アンモナイト類など、恐竜時代を華やかに彩った動物たちが滅んだ。私たちの祖先やその仲間である哺乳類は生き延びることができたけれども、やはり大きなダメージを受けた。

2021年、ノースウェスタン大学（アメリカ）のクリストファー・R・スコテーゼたちは、過去5億4000万年間の地球の気温変化をまとめた論文を発表した。スコテーゼたちのこの論文によると、約6600万年前に発生した「衝突の冬」は、地球の平均気温を約6℃下げたという。

約6600万年前の大量絶滅事件で幕を閉じることになったのは、約2億5200万年前から連綿と続いてきた「中生代」という時代だ。衝突の冬による寒冷化は、中生代の間に動物たちが経験したことのない「平均気温約15℃」という世界を地球に現出したのである。ちなみに、蛇足かもしれないが、現在の地球の平均気温が約15℃である。中生代がいかに温暖だったのかがよくわかる。

ただし、この「衝突の冬」は、長くは続かなかった。正確な期間は議論が続いているものの、ほどなく平均気温は約24℃にまで回復する。その後、約１０００万年間にわたって、平均気温は約24℃から約21℃の間を変動する温暖な時代となる。

約６６００万年前に始まった新時代を「新生代」という。新生代は、約２３０３万年前と約２５８万年前を境として、古い方から「古第三紀」「新第三紀」「第四紀」の三つの時代に分けられている。中生代までとは異なり、「第○紀」と露骨に数字が入っているという〝直接的な名称〟が新生代の地質時代名の特徴だ。これはかつて、概《おおむ》ね古生代よりも前を「第一紀」、古生代と中生代を「第二紀」と呼んでいたころの名残である。ちなみに、英語では第四紀こそ「Quaternary」という「4番目」を意味する単語が使われているものの、古第三紀と新第三紀を示す英語はそれぞれ「Paleogene」と「Neogene」であり、「3」にまつわる単語は使われていない。

これほど新しい時代ともなれば、化石に残る情報量が膨大なものとなり、地層も多く、「紀」をさらに細分化した時代で歴史を追いかけることも可能となる。「紀」を細分化した時代の単位は「世」であり、例えば、古第三紀は「暁新世《ぎょうしんせい》」「始新世《ししんせい》」「漸新世《ぜんしんせい》」の三つに分けられている。新生代

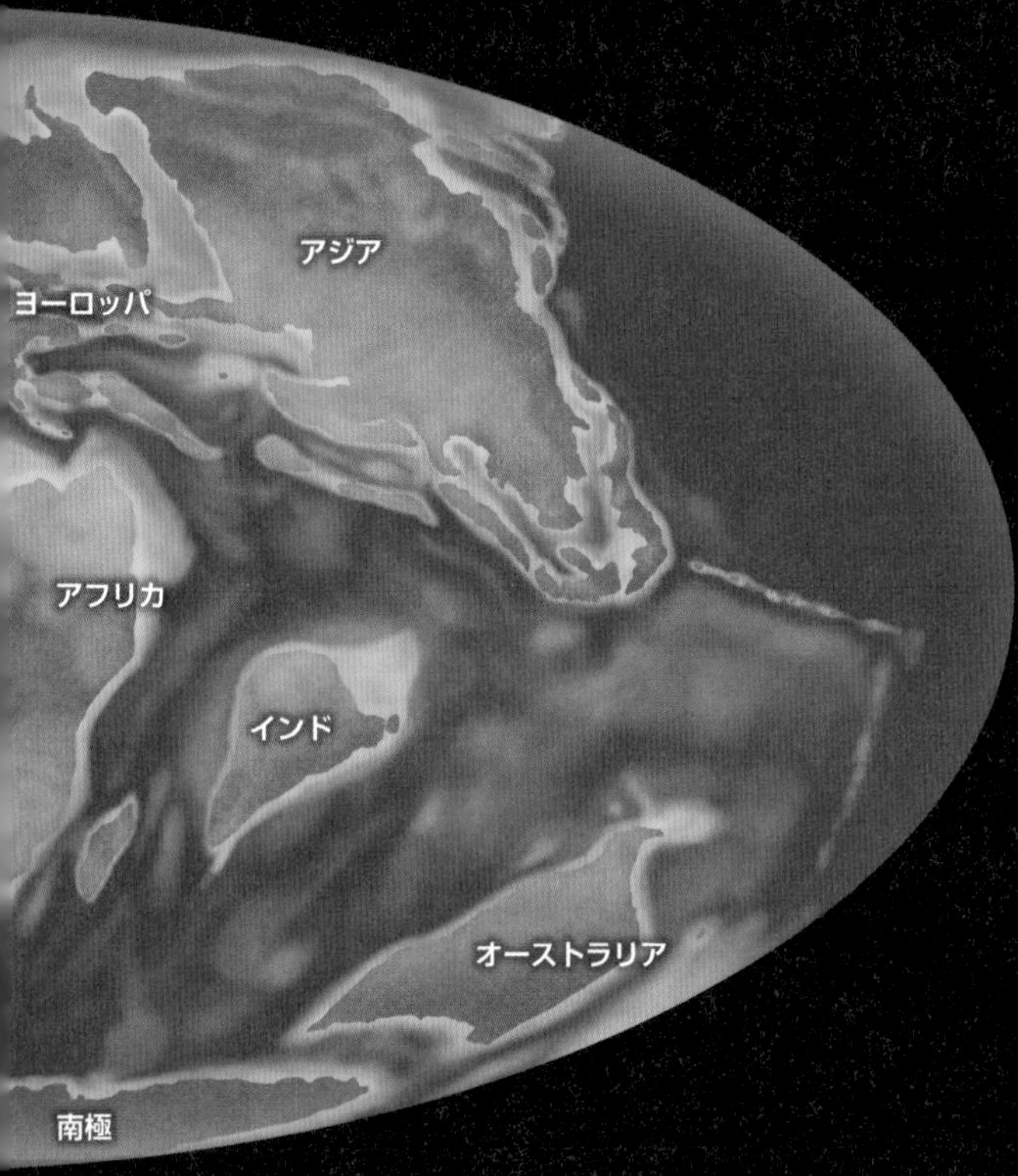
アジア
ヨーロッパ
アフリカ
インド
オーストラリア
南極

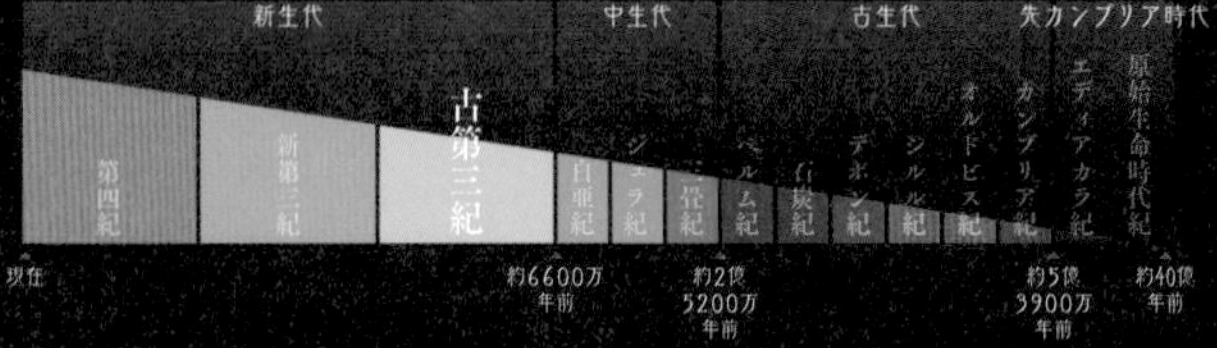
新生代
中生代
古生代
先カンブリア時代
第四紀
新第三紀
古第三紀
白亜紀
ジュラ紀
三畳紀
ペルム紀
石炭紀
デボン紀
シルル紀
オルドビス紀
カンブリア紀
エディアカラ紀
原始生命時代紀
現在
約6600万年前
約2億5200万年前
約5億3900万年前
約40億年前

古第三紀暁新世の地球。かなり"現代的"だが、南北アメリカは離れており、インドは孤立、ヨーロッパの多くは海底に沈んでいた。

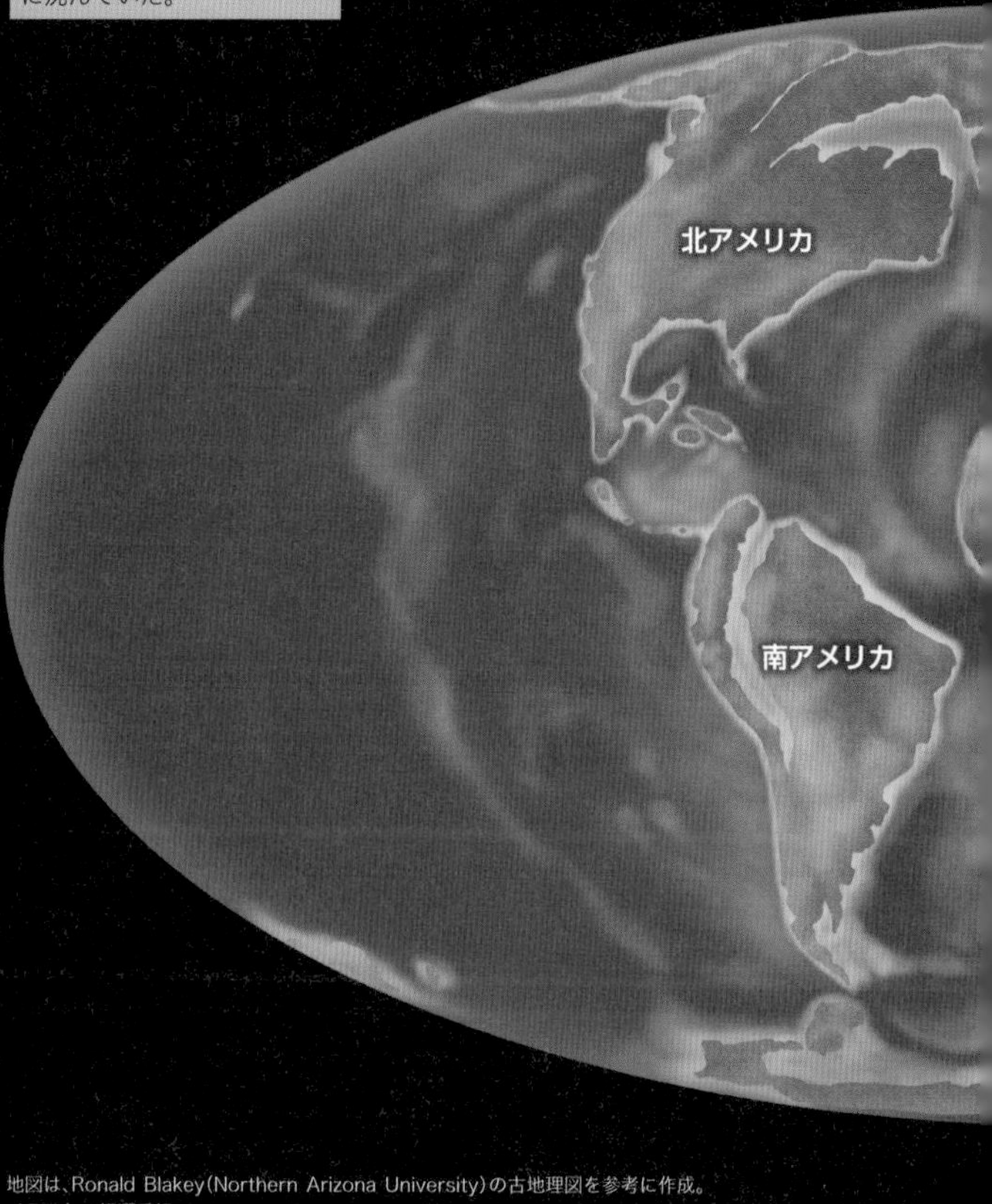

地図は、Ronald Blakey(Northern Arizona University)の古地理図を参考に作成。
イラスト：柳澤秀紀

の最初の「紀」は、暁があって始まり、漸次進んだというわけだ(受験時に筆者が覚えた言い回しである)。

まずは、最初の時代である暁新世に注目しよう。約6600万年前に始まり、約5600万年前まで続いた時代だ。「衝突の冬」を終えたのちの暁新世は、世界的に熱帯～亜熱帯の気候が支配し、極域であっても氷床は存在しなかった。

中生代から始まった諸大陸の分裂は、暁新世になっても続いている。このとき、北アメリカ大陸とユーラシア大陸、アフリカ大陸はそれぞれ完全に独立した存在となっていた。世界地図が〝世界地図らしく〟なるまで、もう少しだ。

大絶滅を乗り越えたものたち

白亜紀末の大量絶滅事件は生態系に大きな打撃を与え、多くのグループが姿を消した。しかし、すべてが消えたわけではない。いくつかのグループは大量絶滅事件を乗り越えることに成功した。

【ワニに似た、でもワニではない爬虫類】

中生代ジュラ紀に登場した淡水棲《たんすいせい》の爬虫類《はちゅうるい》に、「コリストデラ類」と呼ばれるものたちがいた。
一見すると、その姿はワニに似ている。すなわち、吻部《ふんぶ》の長い頭部をもち、四肢は短く、尾は長い。そして、ワニのように淡水に暮らす。

ただし、あくまでも「ワニに似ている」というだけで、コリストデラ類とワニ類は別のグループだ。〝わかりやすいちがい〟は、二つ。一つは、コリストデラ類の後頭部を見ると、その形状がハート型になっているという点だ。もう一つは、上顎の裏――口蓋に細かな歯が並んでいるという点だ。これらは、ワニ類には見ることができない。

そして、神奈川県立生命の星・地球博物館の松本涼子とユニバーシティ・カレッジ・ロンドン（イギリス）のＳ・Ｅ・エヴァンスが２０１０年にまとめた研究によれば、「**コリストデラ類の多くは温帯域に暮らしていた**」**という点も、ワニ類との大きなちがいの一つ**。熱帯域を好むワニ類に対して、コリストデラ類はやや涼しい環境を好んでいたようだ。

そんなコリストデラ類は、白亜紀末の大量絶滅事件を乗り越えて、新生代へと〝命脈〟を残した。

暁新世のコリストデラ類から「**シモエドサウルス**（*Simoedosaurus*）」を紹介したい。ヨーロッパを分布域とし、全長は最大で５メートルに達した大型種である。このサイズは、現在のアメリカに生息するアメリカアリゲーター（*Alligator mississippiensis*）と同等以上だ。その姿は典型的なコリストデラ類といえる。すなわち、吻部が長く、後頭部はハート型、そして口蓋にはびっしりと細かな歯が並ぶ。

２０１５年に松本とエヴァンスが発表した研究によると、この口蓋の歯は喉に近いものほど喉の方向へ向いており、すなわち、口を「あぐあぐ」と開閉することで、食物を口内の奥へと送り込む役割をになった可能性があるという。また、近縁種であっても口蓋の歯の形状が異なるため、何らかの棲《す》み分けを行っていたともみられている。

コリストデラ類は暁新世以降も種を残し、今のところ新第三紀からも化石が発見されている。なかなか〝長命〟なグループだったようだ。

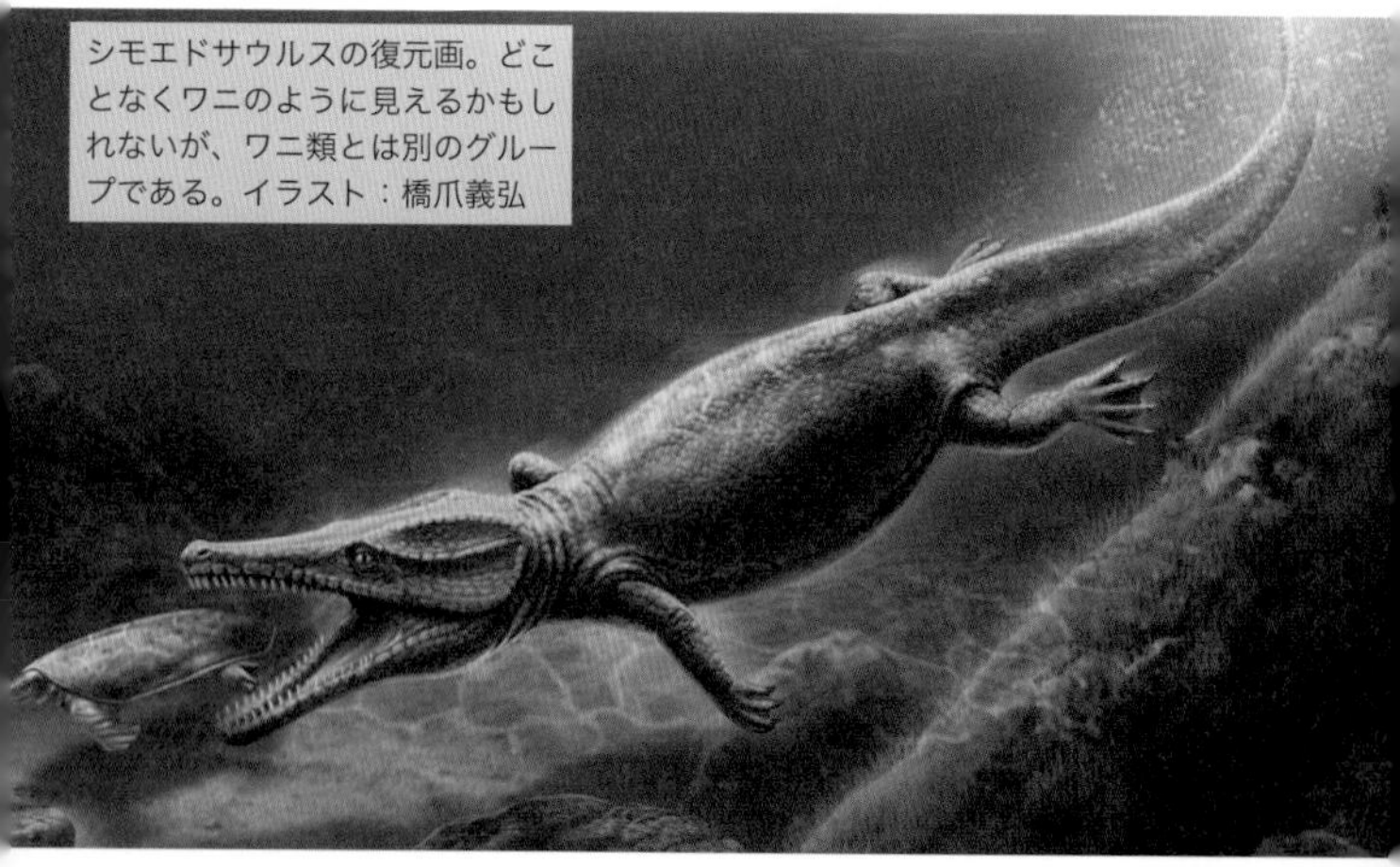

シモエドサウルスの復元画。どことなくワニのように見えるかもしれないが、ワニ類とは別のグループである。イラスト：橋爪義弘

シモエドサウルスの頭骨化石。アメリカ産。背面(上段)、吻部先端(中段)、口蓋に並ぶ細かな歯(下段)。Photo：Science Museum of Minnesota提供

【飛べない鳥たちの台頭】

鳥類は、恐竜類の一グループとして登場し、中生代においては恐竜類の一グループとして繁栄した。そして、白亜紀末の大量絶滅事件で大打撃を受けたものの、恐竜類としては唯一、この事件を乗り越えることに成功している。

大量絶滅事件を乗り越えた鳥類は、〝新世界〟にいち早く適応を遂げる。かつて翼竜類と争った空は鳥類の独壇場となり、地上や水中にも、鳥類の〝本格的な進撃〟が開始された。

地上適応を果たした鳥類として、ヨーロッパや北アメリカ、アジアと、広い〝版図〟を確立した「ガストルニス類」を挙げることができる。「ガストルニス(*Gastornis*)」がその代表だ。

ガストルニスは、いわゆる「飛べない鳥」である。翼はもっているものの、その翼は飛ぶには

ガストルニスの復元画。太い脚をもつ「大型の飛べない鳥」は、この時代を代表する鳥類の一つだ。イラスト：柳澤秀紀

ガストルニスの全身復元骨格。頑丈で大きなクチバシもトレードマークだ。
Photo：アフロ

小さすぎる。体高(身長)は2メートルに達し、頭部は大きく、クチバシは頑強に発達している。首は長く、後肢も長く、そして、太く、がっしりとしている。全体として恐怖さえ感じさせる、そんな姿の鳥類だ。なお、かつて、「ディアトリマ(*Diatryma*)」と呼ばれていた鳥類は、研究の進展によってガストルニスと統合されている。

恐怖さえ感じさせるガストルニスだけれども、実は、こんな姿でも捕食者ではなかったようだ。クロード・ベルナー・リヨン第1大学(フランス)のD・アングストたちは、ガストルニスの骨の〝化学成分〟を分析した結果を2014年に発表している。この分析によると、ガストルニスの骨は、植物食性の哺乳類と似ていたという。つまり、植物を食べてからだをつくっていた可能性が高いのだ。

そして、地上だけではない。

クビナガリュウ類やモササウルス類が滅んだ海にも、鳥類はいち早く進出した。

ペンギン類の登場である。

最初期のペンギン類として、「ワイマヌ(*Waimanu*)」がいる。体高90センチメートルほどのこのペンギン類は、白亜紀末の大量絶滅事件から、わずか400万~500万年後に出現した。

もっとも、ニュージーランドの地層から発見されたその化石を見ると、ワイマヌの姿は、現生のペンギン類とはいささか異なる。すなわち、現生のペンギン類と比較してクチバシや首が細長

ワイマヌの化石を、それぞれの部位に配置したもの。クチバシや首が長いなどの特徴がある。Photoとシルエット：Tatsuro Ando

ワイマヌとクミマヌの復元画。実際には、ワイマヌとクミマヌは同時代のペンギン類ではないので注意。

く、**翼(フリッパー)も細い**。どちらかといえば、ウ(鵜)のような**姿**をしていた。

その後、ペンギン類はいっきに海洋生態系をかけ登る。その象徴ともいえる存在が、2023年にブルース博物館(アメリカ)のダニエル・T・セプカたちが報告した「クミマヌ・フォルダイセイ(*Kumimanu fordycei*)」だ。

クミマヌの名前(属名)をもつ種は他にも報告されており、総じてそうした種はからだが大きい。フォルダイセイはそうした**同属たちの中でもとくに大型**で、セプカたちによる部分化石からの**推測**によると、その**体重は約160キログラムに達した**という。これは、現生ペンギン類の中で最大といわれるコウテイペンギン(*Aptenodytes forsteri*)の4倍超に相当する重さだ。体高でみても、コウテイペンギンの1・7倍近いサイズがあったと推測されている。

クミマヌ・フォルダイセイの登場は、ワイマヌの登場から300万〜500万年後の話である。

クミマヌ・フォルダイセイ(右)と、現生のコウテイペンギン(左)の骨格図を等縮尺で並べたもの。クミマヌ・フォルダイセイの巨大さがよくわかる。イラスト：柳澤秀紀

わずか300万〜500万年だ。

この短い時間に、ペンギン類は大型種が登場するに至った。白亜紀末の大量絶滅事件が、彼らにとってどれほどの奇貨だったのか、推し量れるというものである。


【巨大なヘビ】


中生代に登場したヘビ類も、恐竜類の絶滅を待っていたかのように、暁新世に巨大化を遂げた。

象徴的な存在が「**ティタノボア**（*Titanoboa*）」だ。

ティタノボアの化石はコロンビアから発見され、2009年、トロント大学（カナダ）のジェイソン・J・ヘッドたちによって命名されている。化石は部分的なものではあったが、その名が示すようにボア類と特定された。

ティタノボアの復元画。ワニさえも獲物にした巨大ヘビ……とみられているが、実際に、ワニを襲った証拠が発見されているわけではない。イラスト：橋爪義弘

ティタノボアの椎骨。7個が連なっている。標本長約25cm。Photo：アフロ

驚くべきは、そのサイズだ。ヘッドたちは、2009年のこの論文で、ティタノボアの全長を約13メートル、体重を1135キログラムと見積もった。現在の地球で「大きなヘビ」として知られるアミメニシキヘビ(*Malayopython reticulatus*)やオオアナコンダ(*Eunectes murinus*)を上回る巨体である。知られている限り最大のヘビ類といえる。

さらに、その後、ヘッドたちは新たな標本を得たとして、2013年に開催されたアメリカの古脊椎動物学会で、推定全長を14・3メートルに上方修正している。ただし、現時点では、この修正されたサイズは学術論文になっていないので、「参考値」といったところか。

もっとも、修正される前の値であっても、さすがに「大きすぎる」感があるため、いずれにしろ新情報待ちといえるかもしれない。なにしろ、これほど大きければ体内に熱はこもるし、一方で、外温性であるからには、この巨体を動かすためにはそれなりの気温が必要となる。このあたりについて、検証が待たれるところだ。

繁栄の兆しをみせる哺乳類

いよいよ哺乳類の〝大進撃〟が始まる。

イカロニクテリスの復元画。一見すると、現生のコウモリとよく似ているが……（本文参照）。イラスト：アフロ

【空を飛び始めた翼手類】

暁新世、そして、その次の時代である始新世にかけて、初期の「翼手類《よくしゅるい》」が登場する。

翼手類とは、「コウモリ」のことだ。哺乳類で唯一、飛翔《ひしょう》を可能とするグループであり（いわゆるムササビの仲間の飛行は、「滑空」であり、厳密な意味で「自力飛翔」ではない）、現生種数は哺乳類内で第2位を誇る。

初期の翼手類の代表的な存在は2種類。その化石は、ともにアメリカから発見されており、頭胴長はどちらも10センチメートルほど。

一つは、「**イカロニクテリス**（*Icaronycteris*）」だ。**その見た目は、一見して「コウモリ」とわかる姿をしている**。ただし、**現生のコウモリと異なり、尾が皮膜の支えとなっていなかった**。

そして耳の構造は、現生のコウモリの能力の一つ、エコロケーション——超音波を用いた位置把握能力——に適していたとされる。

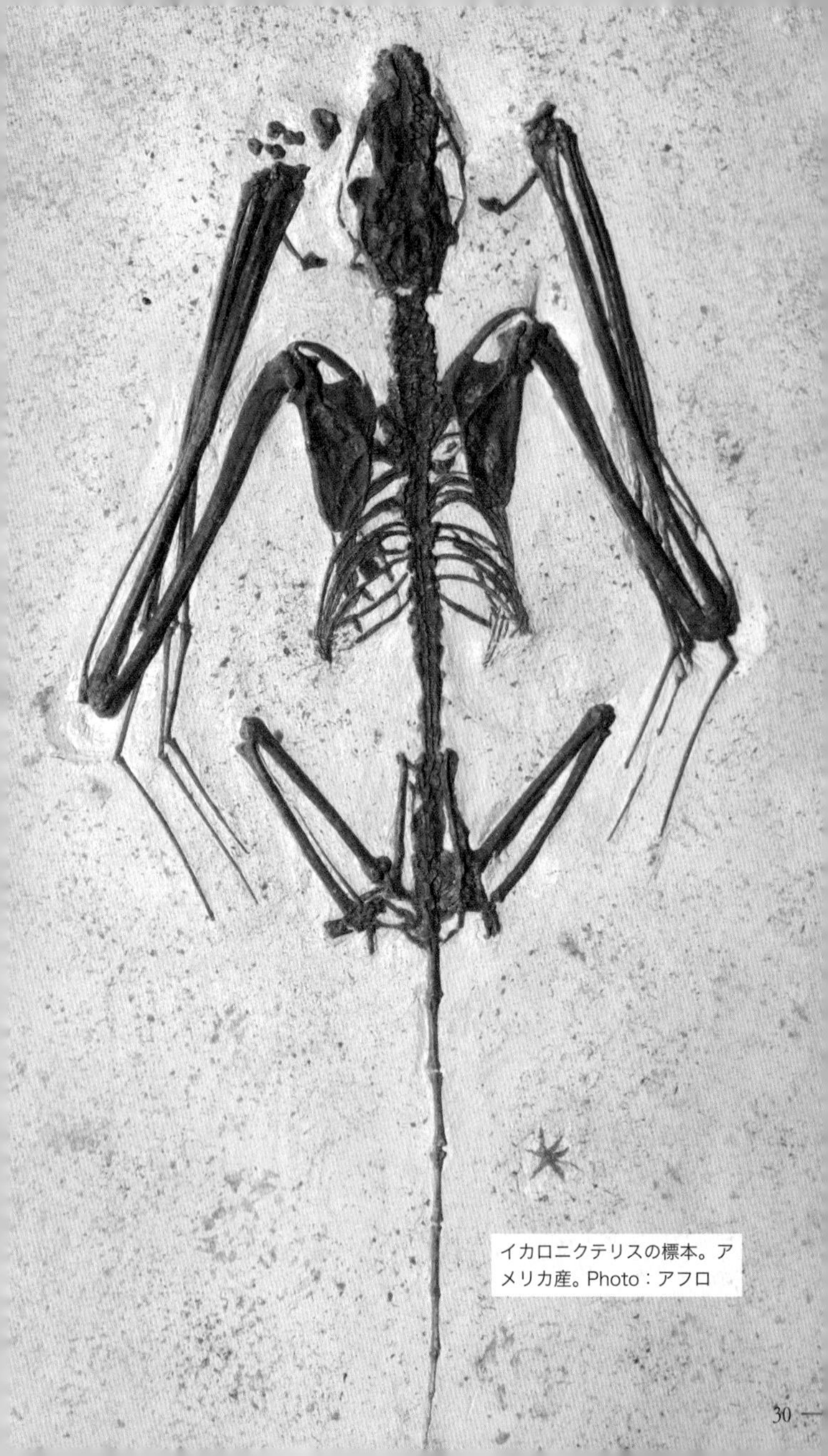

イカロニクテリスの標本。アメリカ産。Photo：アフロ

もう一つは、「**オニコニクテリス(*Onychonycteris*)**」である。こちらも一見して「コウモリ」とわかる姿だ。ただし、オニコニクテリスはイカロニクテリスよりも原始的とされている。なにしろ、**オニコニクテリスの耳は、エコロケーションに対応していないのだ。このことは、翼手類の進化において、まず、飛翔能力が獲得され、その後にエコロケーションが獲得されたことを示唆している**。

もっとも、オニコニクテリスについては、その飛翔能力も現生の翼手類ほどではなかったらしい。2019年にCONICET(アルゼンチン)のルシラ・I・アマドールたちが発表した分析によると、オニコニクテリスの翼は短いために、現生種ほどの力強い飛翔ができなかった可能性があるという。滑空も多用する(多用しなければならない)という、翼手類として進化途上的な存在だったのかもしれない。

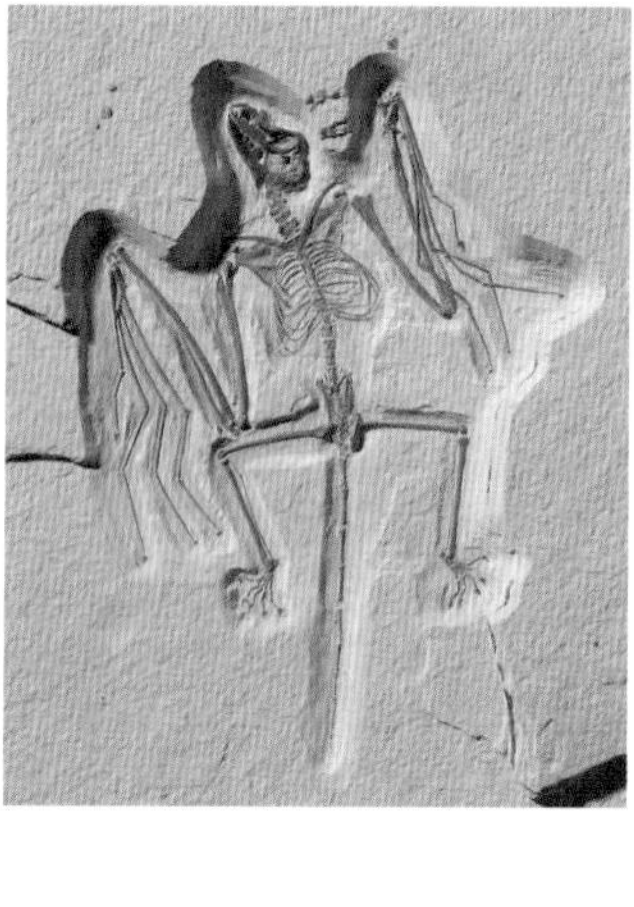

オニコニクテリス。右は標本。一見すると、イカロニクテリスとよく似ているが……(本文参照)。標本長約15cm。アメリカ産。Photo：Royal Ontario Museum提供　イラスト：アフロ

パラミスの復元画。イラスト:柳澤秀紀

【齧歯類の登場】

翼手類は、現生哺乳類における第2位の多様性をもつ。では、第1位は何か？　それは、リスやネズミの仲間である「齧歯類《げっしるい》」である。

初期の齧歯類の一つとして、「**パラミス**(*Paramys*)」を挙げておこう。暁新世から始新世にかけて隆盛を誇った齧歯類であり、その化石はアメリカをはじめ、カナダ、フランス、イギリス、ベルギーなど多地域にわたっている。

パラミスは、初期の齧歯類でありながらも、「齧歯類！」とわかる風貌の持ち主だ。尾が長く、「これはリスです」と紹介されれば、「ああ、こんなリスもいるのかもしれない」と思うだろう。しかし実はなかなかの大型で、頭胴長は大きなものでは60センチメートルに達した。その点を考えると、「リスです」と紹介されても、その大きさには違和感を感じるかもしれない。参考までに、現在の日本に生息するニホンリス(*Sciurus lis*)の頭胴長は20センチメートルほどである。筆者の

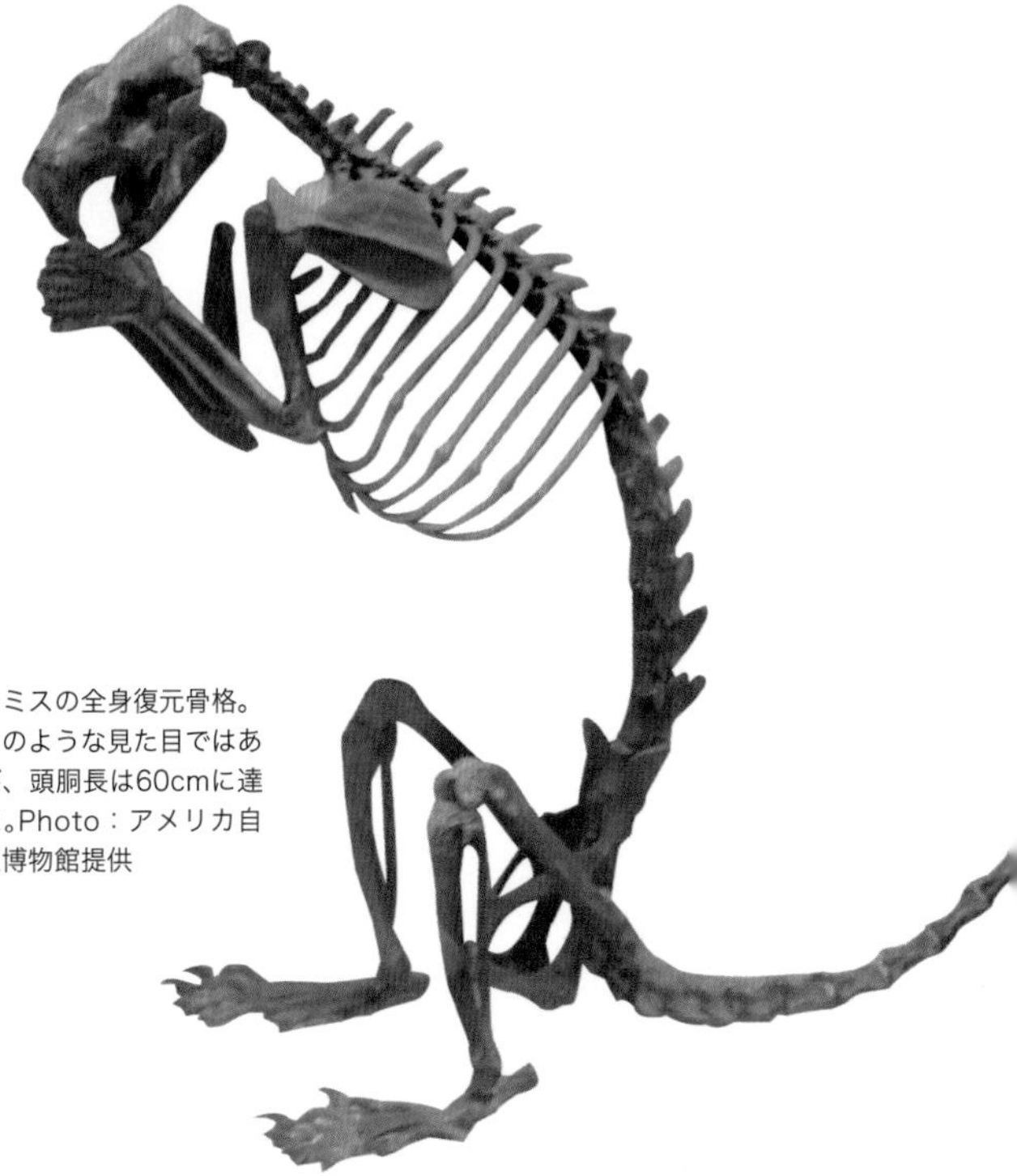

パラミスの全身復元骨格。リスのような見た目ではあるが、頭胴長は60cmに達した。Photo：アメリカ自然史博物館提供

家には「シェルティ」の愛称で知られる小型の牧羊犬「シェットランド・シープドッグ」が共に暮らしているが、その頭胴長が約75センチメートルである。つまり、**パラミスは齧歯類でありながらも、現代の（小型とはいえ）牧羊犬にせまるようなサイズの持ち主だった。**

もっとも、「齧歯類とわかる風貌」とはいっても、専門家から見ればいろいろと原始的であるという。

【大型化の兆し？】

暁新世の哺乳類のすべてが、現生種へとつながるグループというわけではない。暁新世世界においては、多くの哺乳類が存在感を見せていた。

例えば「**エオコノドン(*Eoconodon*)**」だ。どことなくタヌキを彷彿《ほうふつ》とさせるような、でも、明らかにタヌキではないこの動物は、アメリカとカナダで化石が発見されている。

エオコノドンの名前(属名)を与えられた種は複数報告されており、少なくともその中の一部は、白亜紀末の大量絶滅事件からわずか68万年後には出現し、そして、体重は最大で77キログラムに達したともみられている。77キロである！　シェルティ云々《うんぬん》の齧歯類と比べてかなりの大型といえる。なにしろ、現代日本の成人男性の平均体重を超える大きさだ。ちなみに、こうしたデータを公開しているデンバー自然科学博物館のサイトによると、エオコノドンは嗅覚が優れていた可能性があるらしい。

中生代の哺乳類では、〝メートル級〟は少数派だった。しかし、暁新世より後の

エオコノドンの下顎。Photo：Denver Museum of Nature and Science提供

エオコノドンの復元画。新生代が始まっていちはやく出現した〝メートル級哺乳類〟。イラスト:柳澤秀紀

時代、次々とメートル級の大型哺乳類が出現する。その兆しともいえる存在の一つが、白亜紀末の大量絶滅事件からわずか68万年後にいたことになる。

【長鼻類、登場】

長鼻類《ちょうびるい》は、その字面が示唆するように、ゾウとゾウの仲間たちで構成されるグループである。このグループにおける最古級の仲間たちが、暁新世に登場した。

その一つが、「**フォスファテリウム（*Phosphatherium*）**」である。化石はモロッコから発見され、頭胴長は60センチメートルほどと推測されている。もっとも、「長鼻類」といってもおそらくその鼻は〝ごく普通の長さ〟で、どちらかといえば、カバを細く小さくしたような姿をしていたとみられる。もっとも、部分化石しか知られていないため、謎の多い存在でもある。

いずれにしろ、**長鼻類が現生種とは似つかない姿とサイズでスタートしたことは間違い**なさそうだ。

そのほか、例えば、私たちヒトの属するグループである「霊長類」などに関しては、情報がより豊富となる始新世以降の話題として触れていきたい。

フォスファテリウムの頭骨化石。モロッコ産。
Photo：Galerie de Paleontologie Paris

フォスファテリウム。最初期の長鼻類である彼らの鼻は、長くなかった。イラスト：Roman Uchytel

第2節　多様化する哺乳類——始新世

約５６００万年前、急速な温暖化が進行した。

ノースウェスタン大学（アメリカ）のクリストファー・R・スコテーゼたちの２０２１年の論文によると、直前まで23℃ほどだった地球の平均気温は、このとき、25・2℃にまで上昇したという。現代日本でいうところの「夏日」が平均気温となったことになる。

この突発的な温暖化は、暁新世とその次の時代である「始新世」の境の時期に発生したため、暁新世の英語名である「Paleocene」と始新世を指す「Eocene」に、「極端な温暖化」を示唆する「Thermal Maximum」を加えた単語の頭文字を並べて「ＰＥＴＭ」と呼ばれている。

ＰＥＴＭはほどなく終息し、平均気温はまた2℃ほど下がった。その後、始新世のとくに前半期はゆるゆるとした温暖傾向が続き、５００万年間ほどは新生代で最も暖かい時代となる。最も暖かくなったときは、ＰＥＴＭにせまるほどの気温だった。

始新世の半ばをすぎると、気温変化の傾向は転じる。概ね寒冷傾向となり、地球はしだいに冷え込んでいくことになる。

そんな気候の中で、多くの哺乳類が台頭した。

この時代、世界は分裂が続いている。すでに南極大陸・オーストラリアと南アメリカは分裂していたことに加え、南極大陸とオーストラリアの分裂も始まる。オーストラリアは北上をはじめ、南極大陸は南極に残る孤高の大陸となっていく。

食肉類の台頭

「食肉類」という哺乳類グループがある。

文字通り、肉食性の哺乳類が大半を占めるグループで、端的にいえば、「イヌとネコの仲間」たちである。このグループの〝始祖〟は暁新世に出現したとみられている。ただし、暁新世には目立った多様化をみせなかった。

始新世になって、彼らは頭角を現し始めた。

【イヌとネコの〝祖先〟たち】

初期の食肉類は、「ミアキス(*Miacis*)」に代表される。頭胴長は20センチメートルほどで、長い尾をもち、その見た目は現生のイタチ(*Mustela*)に似る。

特徴の一つは、歩行時に足の踵《かかと》を着くということだ。これは「蹠行性《しょこうせい》」と呼ばれる歩き方である。同じ食肉類であっても、現生のイヌの仲間やネコの仲間は、踵を着かずに歩く「指行性《しこうせい》」だ(「趾行性《しこうせい》」とも書く)。蹠行性は指行性と比べると安定感が強く、指行性は蹠行性よりも1歩の歩幅が大きいために高速移動に向いている。

ミアキスに代表される小型の食肉類が、事実上「食肉類の始まり」だった。厳密な意味での「共通祖先」は不明ながらも、最初期の食肉類の姿はいずれも似通っていた。すなわち、イタチのような姿で蹠行性だ。ミアキスたちは、**樹上も地上も生活圏**としていたとみられている。**高温期だった始新世の前半期、世界各地には亜熱帯の森が広がっており、その森の中で食肉類の歴史は本格的にスタートした**のである。

そして、始新世の気候が温暖傾向から寒冷傾向に変わると、あわせて乾燥化が進み、森は縮小して土地が開けていく。

ミアキス。ただし、近年は分類の再検討などが進んでいる。
下はミアキスの頭骨化石。アメリカ産。標本長約8cm。
Photo：スミソニアン国立自然史博物館提供
イラスト：柳澤秀紀

【イヌの〝始まり〟】

その開けた土地を舞台として進化を歩み始めたグループが、「イヌ類」である。最初期のイヌ類を代表するのは、「**ヘスペロキオン**(*Hesperocyon*)」だ。頭胴長約40センチメートル、体重1〜2キログラム程度。ミアキスよりは大きいが、現生のイヌの仲間と比較するとかなりの小型のサイズである。イエイヌ(*Canis lupus familiaris*)の犬種でいえば、チワワとほぼ同等の重さである。

もっとも、ヘスペロキオンの姿はチワワというよりはイタチに……つまり、ミアキスに近い。足は蹠行性だ。

さて、現生のイヌ類は足の指が何本あるか、あなたはご存じだろうか？

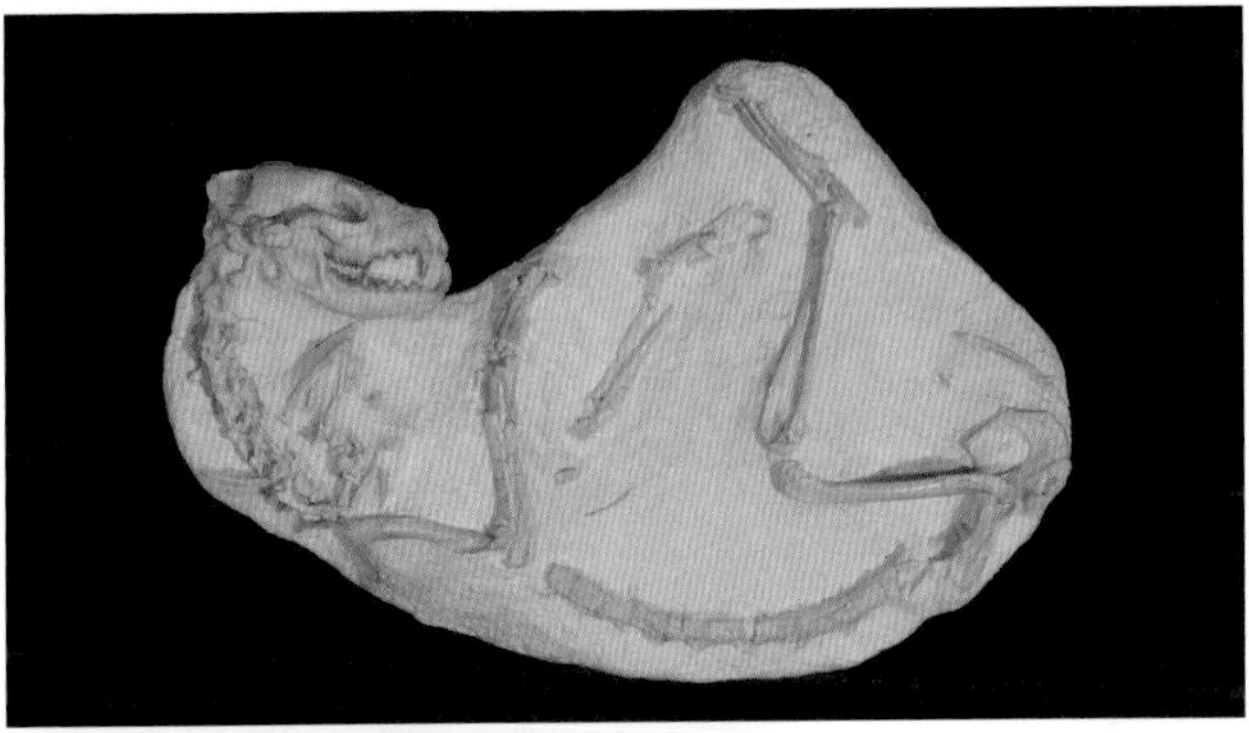

ヘスペロキオン。足は、踵を地面につけて歩く「蹠行性」だ。上段はヘスペロキオンの化石。最も古いイヌ類の一つ。標本長約36cm。アメリカ産。群馬県立自然史博物館所蔵。Photo：安友康博/オフィス ジオパレオント　イラスト：柳澤秀紀

もしも、あなたの家族や友人の家族にイヌがいるのなら、ちょいと失敬して指を数えてみるとよい。前足に5本、後ろ足に4本の指があるはずである。一方のヘスペロキオンの指は、前後ともに5本ある。本書だけではなく、この「生命の大進化40億年史」のシリーズをお読みになられた方であれば、「進化とともに指の数が少なくなる」という例は、いくつかご記憶かもしれない。イヌ類においても、同じことが起きたのだ。

なお、**ヘスペロキオンは、イヌ類ではあるけれども、まだ樹上に登ることができたとみられている**。現代のイヌは樹木に登ることはできないので、これは大きなちがいといえるだろう。ただし、ヘスペロキオンのそれは「名残」ともいえるもので、基本的にはイヌ類は開けた土地を走り回る方向へと進化していくことになる。

【ネコは最初からネコ】

イヌ類が開けた土地に適応しはじめた一方で、縮小しつつある森林に残って進化を重ね始めたグループもあった。そのグループは、「ネコ型類」と呼ばれている。その名前が示唆するようにやがて「ネコ類」を生むグループであるものの、始新世の段階ではネコ類はまだ登場していない。

初期のネコ型類を代表するのは、「**ホプロフォネウス**(*Hoplophoneus*)」だ。頭胴長は1メートル前後で、小柄なヒョウ(*Panthera pardus*)に近い姿をしていた。ヒョウはネコ類の一員だ。すなわち、**ネコ類**ならずとも、**ネコ型類**の〝**段階**〟で、すでにネ**コ類らしい姿**であった。もっとも、その犬歯はヒョウなどと比べると長く鋭く発達している。いわゆる「サーベルタイガー」に近い風貌ともいえよう。もっとも、「タイガー（トラ：*Panthera tigris*）」もネコ類であることを考えると、ネコ類ではないホプロフォネウスを「サーベルタイガー」と呼ぶのは不適かもしれない。「広義のサーベルタイガー」というべきだろうか。

かくして、イヌ類とネコ型類は始新世で袂《たもと》を分かち、それぞれ別の道を歩み始める。あなたがいわゆる「イヌ派」なのか「ネコ派」なのかは知

ホプロフォネウス。かなりネコっぽいが、厳密な意味での「ネコ類」ではない。下段は、ホプロフォネウスの化石。初期のネコ型類の一つ。標本長約1m。Photo：アフロ
イラスト：柳澤秀紀

らないが、その分裂の歴史は、始新世まで遡るのだ(ちなみに筆者はもちろんイヌ派である)。

肉食哺乳類は食肉類だけにあらず

現在の哺乳類世界では、「肉食性」といえば、食肉類が主流だ。

しかしかつては、食肉類以外の肉食哺乳類が生態系の上位に君臨したこともあった。

【獲物を切り裂く哺乳類】

始新世の世界において、「食肉類以外の肉食哺乳類」の代表といえる存在は2種類いた。

その一つが、「**ヒアエノドン**(*Hyaenodon*)」とその仲間たち(肉歯類)だ。

ヒアエノドンはアメリカをはじめ、カナダ、中国、モンゴル、イギリスなど世界各地から化石が発見されている。見た目は、どことなくイヌに似ているといえるかもしれない。頭部は大きく、吻部は発達し、口には鋭い歯が並ぶ。上下の犬歯は鋭く、そして、長い。臼歯は肉を切り裂くことに適した構造となっていた。四肢のつくりは走行に向いていたとみられているが、同じ走行性のイヌ類と比べると短足だ。また、**ヒアエノドンの名前(属名)をもつ種は多数報告されており、その中には頭胴長が1メートルに達する大型種も存在した。**

筆者の家では、シェルティ以外にもラブラドール・レトリバーも暮らしている。彼女の頭胴長がちょうど1メートルだ。今はシニア犬となった彼女だけれども、若いうちは筆者とプロレスのような遊びをやったものだし、来宅した友人・知人・同僚を押し倒してしまうこともよくあった。「1メートル」とは、そんなサイズである。

なお、ヒアエノドンは始新世だけではなく、その次の漸新世、そしてその次の新第三紀中新世まで、その〝命脈〟を残している。

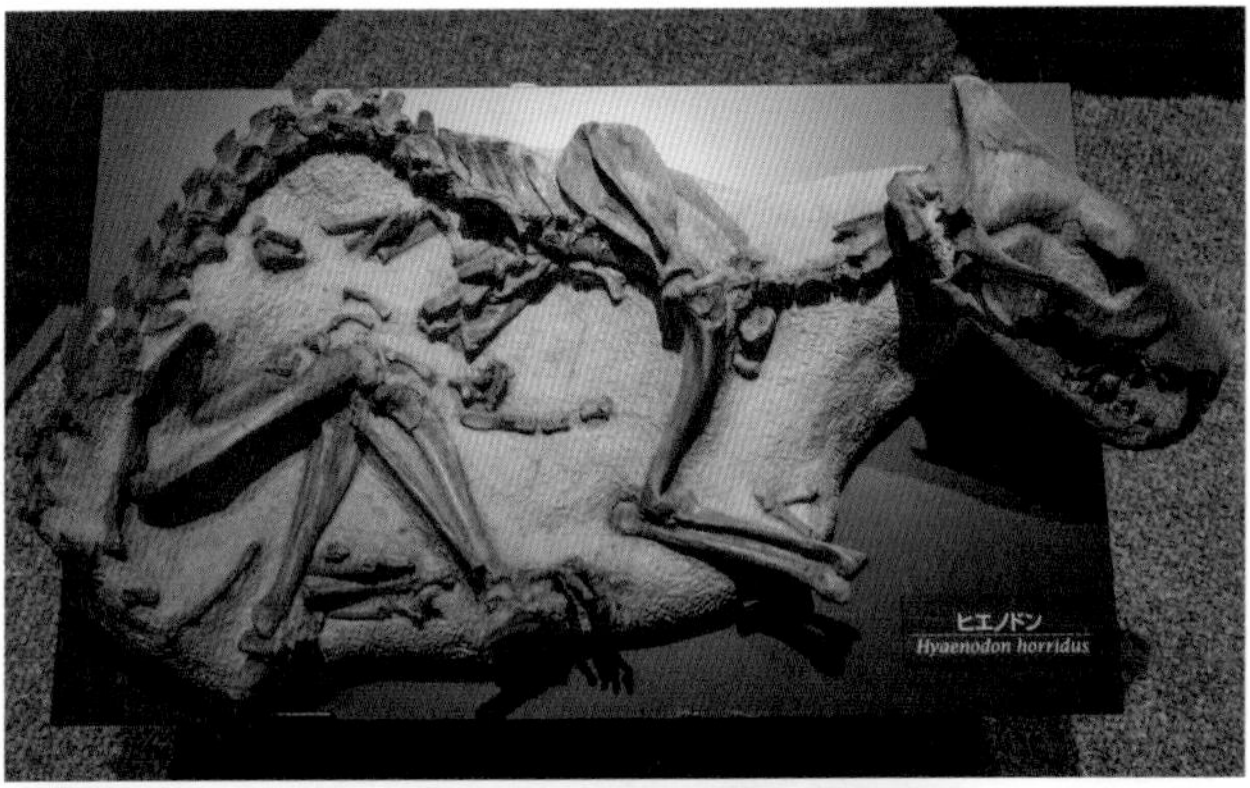

ヒアエノドン。食肉類以外の肉食哺乳類の一つ。頭胴長は約1m。上段は、国立科学博物館所蔵の全身骨格。Photo：アフロ　イラスト：柳澤秀紀

【長大な頭部をもつ哺乳類】

始新世の陸上世界で「最大級」と位置付けられる肉食哺乳類の名前を、「アンドリューサルクス(*Andrewsarchus*)」という。

その頭胴長は3〜3・5メートルに達するとされ、現生のライオン(*Panthera leo*)やトラよりも一回り大きい。肉食性の陸棲《りくせい》哺乳類としては、古今東西で最大級とされるサイズである。最大の特徴は、その大きな頭部であり、長さは83センチメートル、幅は56センチメートルに達した。口に並ぶ歯は、鋭さこそないものの、頑健そのものだ。この頑丈な歯と大きな顎で、獲物を骨ごと食べるような、腐肉食者だったと指摘されている。

ただし、実は、アンドリューサルクス

アンドリューサルクス。その生態も分類も謎が多い。左ページは、アンドリューサルクスの頭骨化石。標本長約80cm。始新世を代表する肉食哺乳類ではあるが、この頭骨しか知られていない。中国産。Natural History Museum, London所蔵。Photo、イラスト：アフロ

の化石は、この大きな頭部だけしか知られていない。頭胴長の推測値は近縁とされるグループに基づいているが、実は、その分類に関しても謎が多い。そのため、実はサイズに関しては「最大級」とみられているものの、具体的な数値はよくわかっていない。具体的な数値はわかっていないが、3・5メートルで復元したときも、かなりの〝頭でっかち〟なので、新たな化石が発見されても、この値より小さくなる可能性は低かろう。ちなみに、「アンドリューサルクス」という名前は、20世紀に活躍したアメリカの古生物学者、ロイ・チャップマン・アンドリュースにちなんでいる。

〝駆ける哺乳類〟と〝長い鼻〟の始まり

もちろん、始新世の哺乳類のすべてが、肉を食べていたというわけではない。哺乳類は生態系のさまざまな地位に進出し、のちの繁栄の礎を築き始めていた。

【始まりのウマ】

始新世最初期のイギリスやフランス、アメリカに、〝最古級のウマ類〟が登場していた。

その名前を「**ヒラコテリウム**(*Hyracotherium*)」という。

頭胴長は50センチメートルほどと、シェルティよりも小さなウマだ。もちろん、ヒトが乗ることのできるサイズではない(そもそも当時はまだ人類が登場していない)。見た目も、ウマというよりはマメジカの仲間を彷彿とさせ、その頭部は〝馬面〟にはほど遠い。

現生のウマ類とヒラコテリウムの決定的なちがいは、

ヒラコテリウムの復元画。足の指の数に注目されたい。イラスト：柳澤秀紀

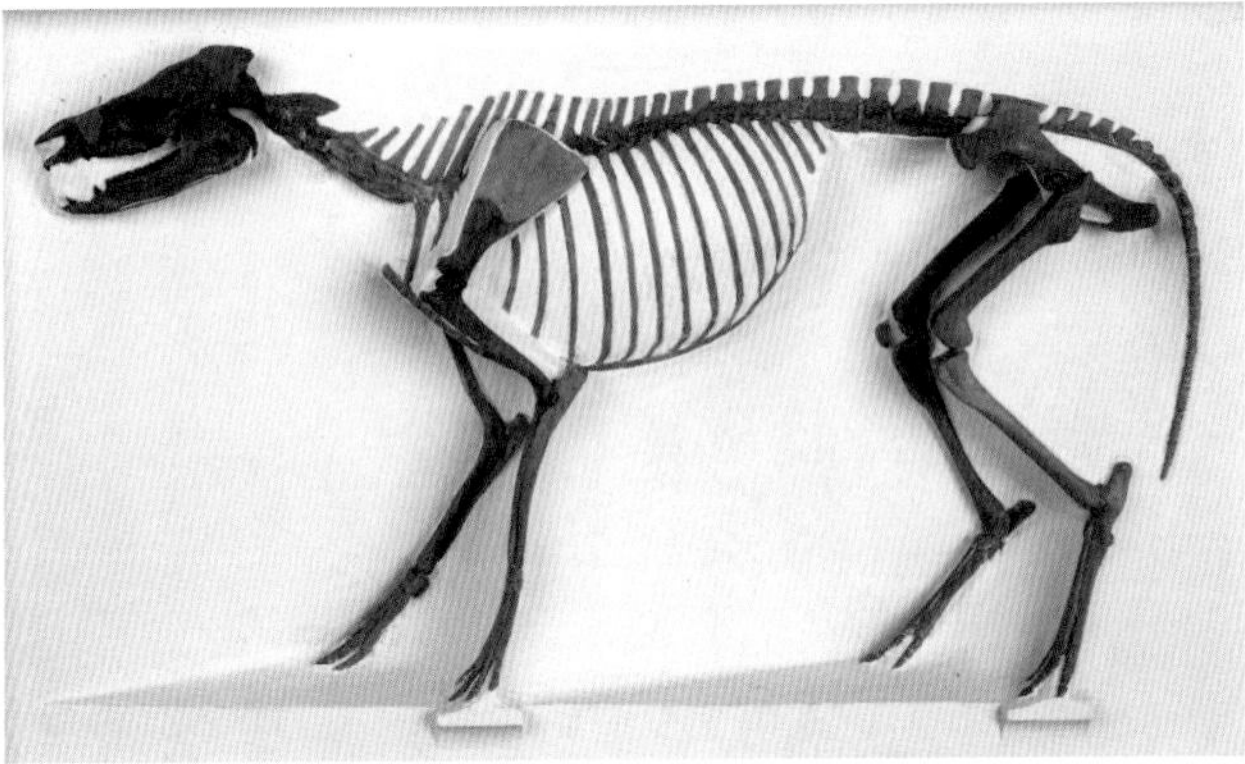

ヒラコテリウムの全身復元骨格。標本長82cm。Natural History Museum, London所蔵。 Photo：アフロ

足にある。現生のウマ類の指は、前後ともに1本しかない。1本だけの指が、長く、太く発達し、その先には頑丈な蹄《ひづめ》がある。現生のウマ類は1歩の歩幅が大きく、長い距離を走り続けることに適したつくりになっている。一方、**ヒラコテリウムの指は前足に4本、後ろ足に3本あり、蹄は申し訳程度にあるだけだ。**

それもそのはず。

ヒラコテリウムは、始新世の前半期の温暖な世界に生きていた。世界各地に森林が広がり、現生のウマ類が好むような広い草原はまだない。そんなヒラコテリウムには、〝長距離を疾駆するつくり〟は必要なかった。食性も、現生のウマ類のような草食ではなく、**ヒラコテリウムは葉食だったようだ。**

そして、ヒラコテリウムの登場から1500万年と少しの時間を経て、アメリカやカナダにより進化

的なウマ類が現れる。

「**メソヒップス**(*Mesohippus*)」である。

当時、地球の気候は、寒冷・乾燥化へと舵《かじ》を切っていた。メソヒップスは縮小を続ける森林に暮らし、祖先と同じく葉を食べていたとみられている。

ただし、進化は足に現れていた。**メソヒップスの前足の指の数は3本になっていたのだ**。後ろ足には変化がないものの、現生ウマ類に一歩だけ近づいていたのである。からだも大型化し、肩高は60センチメートル、頭胴長は1メートルに達した。シェルティより小さなウマが、ラブラドール・レトリバーと同等にまで大きくなった。〝長距離を疾駆〟の準備は整いつつあったのだ。

メソヒップス。肩高60cmほどのウマ類。指の数に注目されたい。上段は復元画、下段は群馬県立自然史博物館所蔵の化石。アメリカ産。Photo：安友康博/オフィス ジオパレオント イラスト：柳澤秀紀

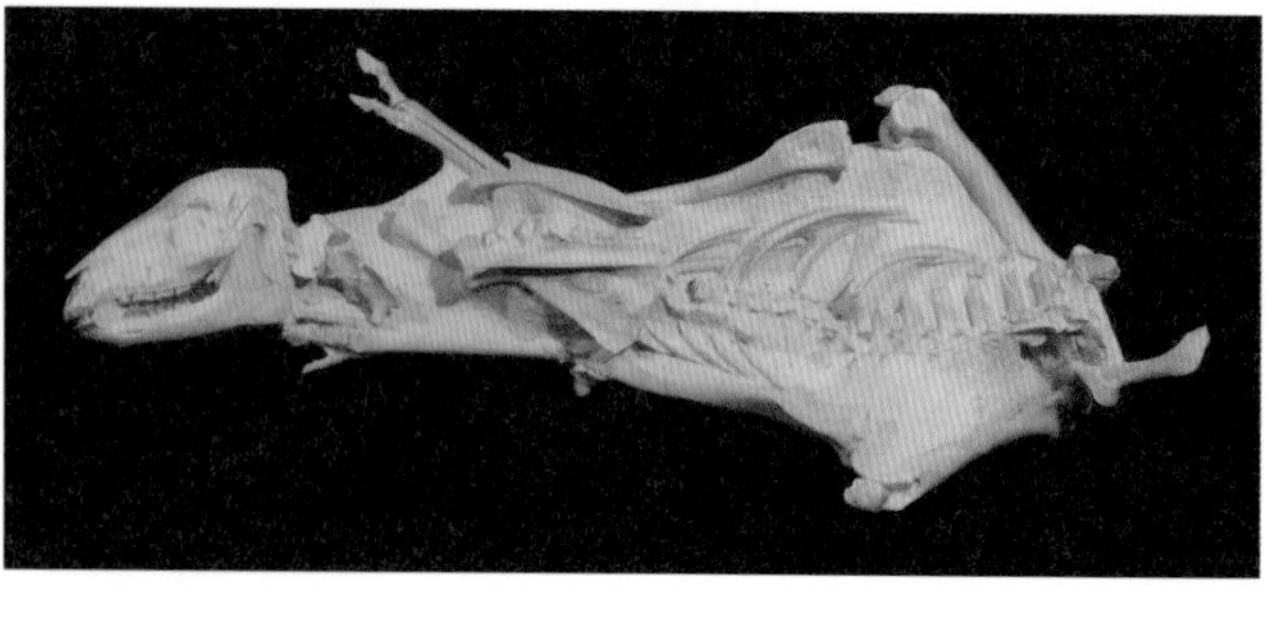

【長い鼻の始まり？】

メソヒップスが北アメリカの森林で暮らし始めたころ、アフリカでは新たな長鼻類が出現していた。その長鼻類の名前を「**モエリテリウム**（*Moeritherium*）」という。

暁新世の長鼻類として紹介したフォスファテリウム（35ページ）が謎の多い存在であることに対し、モエリテリウムは全身復元骨格が組み立てられるほどにはわかっている。

その姿は、一言で言えば、「胴長短足」。全長は2メートル近くあるにもかかわらず、肩の高さは60センチメートルほどしかない。現生ゾウ類のように長い牙はないけれども、やや長い切歯を備えていた（ゾウ類の「牙」は犬歯ではなく切歯である）。

2008年、オックスフォード大学（イギリス）のアレクサンダー・G・S・C・リウたちは、モエリテリウムの歯の化学分析を行い、水中で水生植物を食べていた可能性を指摘した。この分析結果に基づくのならば、**モエリテリウムは水棲か半水棲だったことになる**。最初期の長鼻類であるフォスファテリウムの生態が謎に包まれている以上、長鼻類の歴史は、水の中から始まった可能性もあるのだ。

そして、モエリテリウムを追いかけるように、アフリカに「**フィオミア**（*Phiomia*）」が登場する。その肩高は1〜1・5メートル。このあたりから、長鼻類は大型哺乳類となっていく。

フィオミアは、面構えが独特だ。前後に長い頭部の先端付近では、上顎の切歯は弧を描きなが

モエリテリウム。水棲、あるいは、半水棲だった可能性がある。

モエリテリウムの頭骨化石。
Photo、イラスト：アフロ

フィオミアの頭骨化石（上段）と復元画（下段）。エジプト産。大英自然史博物館所蔵。
Photo：Paleobear提供　イラスト：柳澤秀紀

ら下を向くように伸び、その断面は円形に近くなっていた。下顎の切歯は平たく前に向かって伸び、シャベルのような形状である。

そして、鼻孔が大きく後退し、吻部の先端から離れていた。これでは、**口先にある物体のにおいを嗅ぐことが難しい**。そのため、**フィオミアの後退した鼻孔から口先まで鼻が伸びていた**と復元されることが多い。ただし、この復元を支える証拠はとくに発見されているわけではない。

……証拠が発見されているわけではないけれども、ともかくも、フィオミアは「長い鼻」を備えていた可能性がある。大型化の始まったこのあたりから「長鼻類」が「長鼻類」らしい進化の道を歩み始めたといえるかもしれない。

空を飛び、大型化し、そして……

始新世は、多様な哺乳類が出現した時代だ。引き続き、その中のいくつかを紹介していきたい。

【翼手類は、孤高の大陸へ到達】

暁新世のアメリカに出現したコウモリ――翼手類は、始新世の前期までには世界を席巻するに至っていた。その象徴ともいえる存在が、オーストラリアから化石が発見されている「**オースト**

ラロニクテリス（*Australonycteris*）」だ。

オーストラロニクテリスは、オーストラリアだけではなく、南半球で最古の翼手類と位置付けられる存在だ。翼開長は20センチメートルほどで、発見されている化石は部分化石ながらも、すでに現生の翼手類と変わらぬ姿をしていたとみられている。そして、かつてアメリカの翼手類の一部が備えていなかったエコロケーション能力をオーストラロニクテリスはもっていた。

オーストラリアは始新世から現在に至るまで孤高の大陸として存在し、独自の生態系を築いていくことになる。その最初期の時期に、翼手類はこの大陸に到達していたのだ。

【巨大な〝テリウム〟】

「テリウム（*therium*）」の名をもつものたちを紹介していこう。ラテン語で「獣」を意味するこの単語は、まさに哺

オーストラロニクテリスの復元画。
イラスト：柳澤秀紀

乳類の名前としてふさわしい。

　始新世最初期のアジアに出現した〝テリウム〟に、「ウインタテリウム（*Uintatherium*）」がいた。サイのようなサイズでサイのようなからだのつくりをしているけれども、**サイ類ではなく、サイ類が属している奇蹄類《きているい》でもなく、「恐角類《きょうかくるい》」と呼ばれる絶滅グループに分類される。**

　その特徴は、ずばり〝面構え〟。眼《がん》窩《か》の前の左右、眼窩の上にイボ状の突起があり、上顎の犬歯は長く発達し、口外へ出る。口の中を見ると上顎には切歯がない。そのため、2010年に国立科学博物館の冨田幸光が著した『新版　絶滅哺乳類図

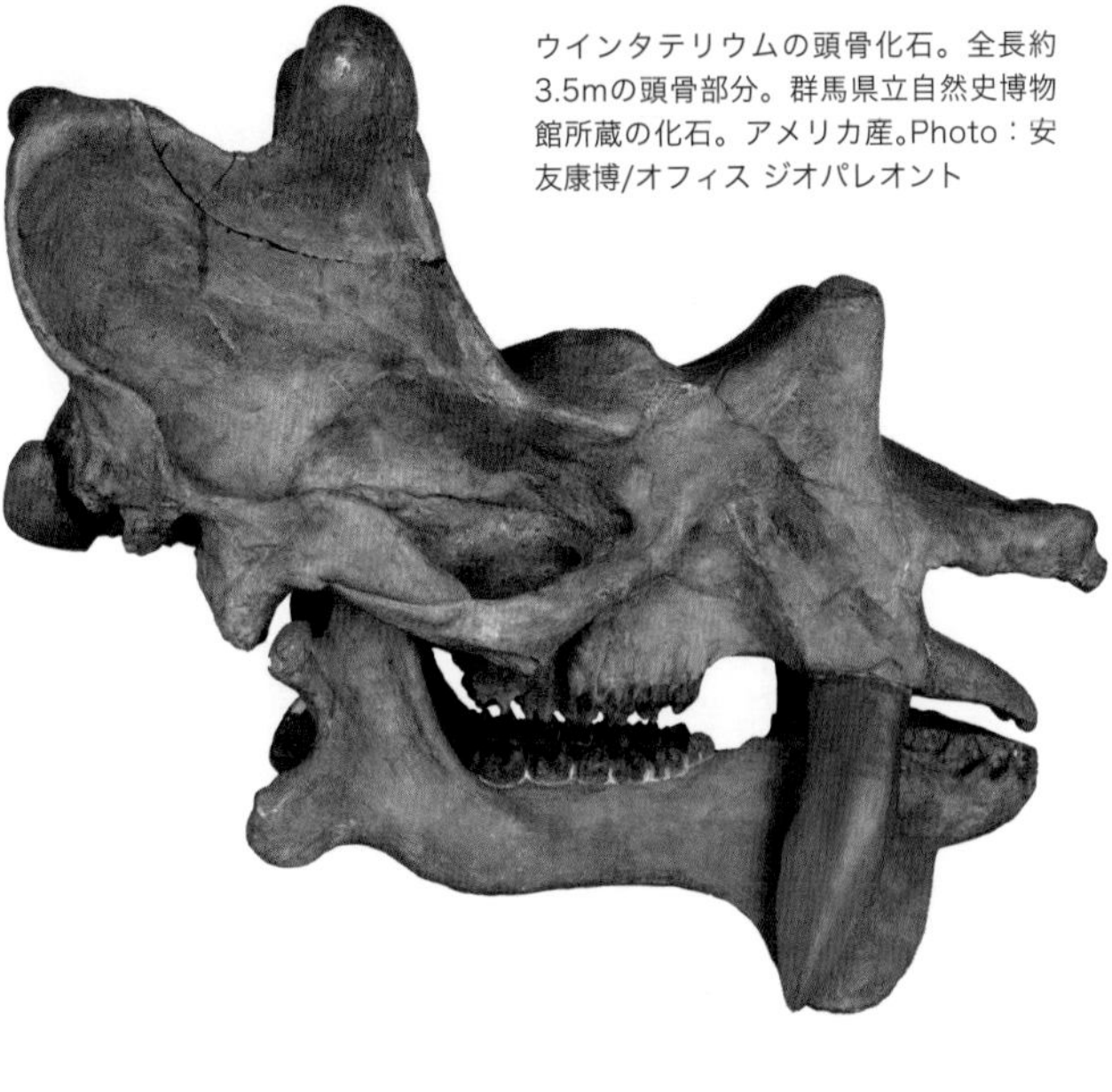

ウインタテリウムの頭骨化石。全長約3.5mの頭骨部分。群馬県立自然史博物館所蔵の化石。アメリカ産。Photo：安友康博/オフィス ジオパレオント

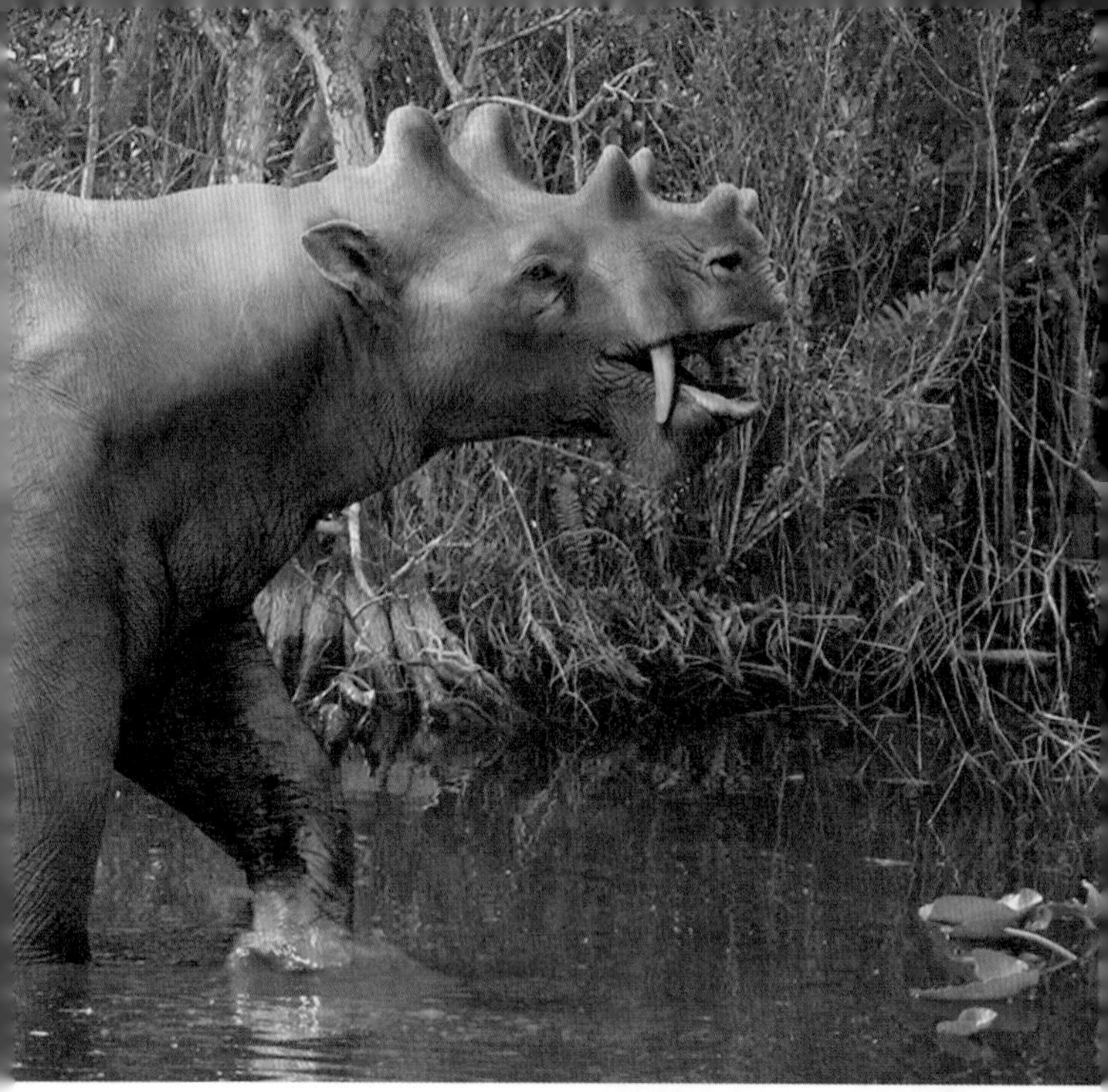

鑑』では、「長い舌を使ってエサの植物を集めていた可能性」に言及している。

【史上最大級の哺乳類】

始新世の〝テリウム〟の代表格といえば、「パラケラテリウム（*Paraceratherium*）」を忘れてはいけない。長い首と長い脚をもつ哺乳類で、からだの割には小さい頭をしている。最大の特徴はその大きさだ。頭胴長は7・5メートル、肩高は4・5メートルと推定されている。史上最大級の陸上哺乳類の一つに挙げられるサイ類である。ただし、「サイ類」とはいって

ウインタテリウム。やわらかな草を主食としていたとみられている。イラスト：Roman Uchytel

も、ツノはなかったとみられている。なお、かつて「バルキテリウム（*Baluchitherium*）」や「インドリコテリウム（*Indricotherium*）」の名前でも知られたが、近年では、パラケラテリウム、バルキテリウム、インドリコテリウムは同一であるとの見方が主流となり、最初に命名された「パラケラテリウム」に統一される傾向にある（先取権の原則）。上野の国立科学博物館に展示されている全身復元骨格の名称も、当初はインドリコテリウムだったものの、現在ではパラケラテリウムに変更されている。

　パラケラテリウムの名前（属名）をもつ種は複数報告されており、近年

パラケラテリウム。足元の植物や他の動物にご注目いただきたい。かつて、こんな巨大な哺乳類がいたのだ。イラスト：アフロ

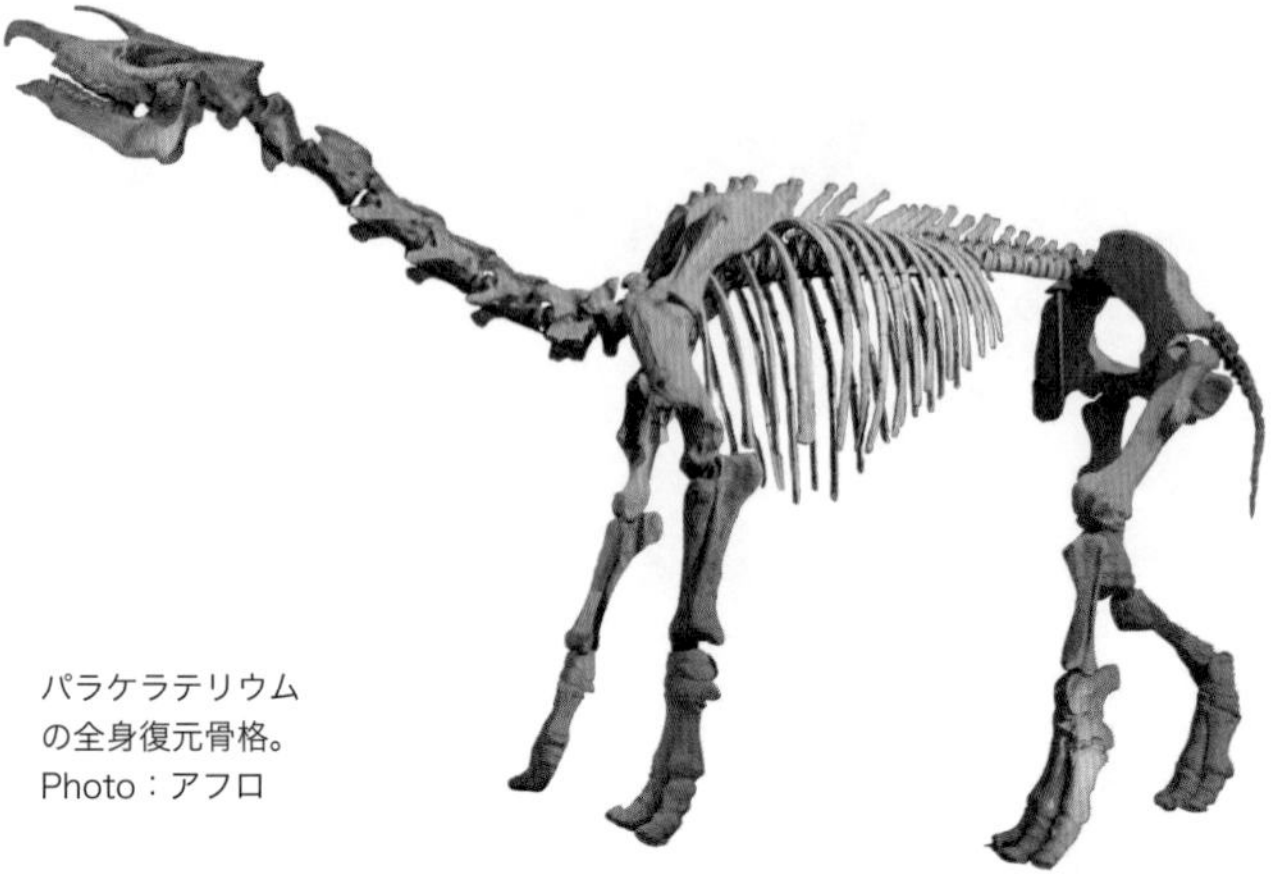

パラケラテリウムの全身復元骨格。Photo：アフロ

でも2021年に中国科学院のタオ・デンたちによって1種追加されている。タオたちの論文によると、〝最初のパラケラテリウム〟の出現は始新世の終盤のモンゴルであり、その後、この仲間は中央アジアから西アジアにかけて分布域を広げていったという。

アジアの広大な内陸域を駆け回る巨大なサイ類。「迫力の世界」がそこにあったことだろう。

【巨大な殺し屋豚】

「アルカエオテリウム（*Archaeotherium*）」は、パラケラテリウムとほぼ同時代に、北アメリカに生息していた哺乳類である。パラケラテリウムがサイ類に属することに対し、アルカエオテリウムは現生種とは関係しない、絶滅した「エンテロドン類」というグループに分類されている。近縁としては、イノシシの仲間たちを挙げることができる。

もっとも、アルカエオテリウムは現代日本に生息しているイノシシ(*Sus scrofa*)よりも大きい。その頭胴長は1・5メートルとイノシシとさほど変わらないが、アルカエオテリウムは四肢が長く、肩高は1メートルに達した。

風貌としては、イノシシはイノシシでもイボイノシシ(*Phacochoerus aethiopicus*)に近いといえるかもしれない。イボイノシシは、その名の通り頬にイボがある。アルカエオテリウム

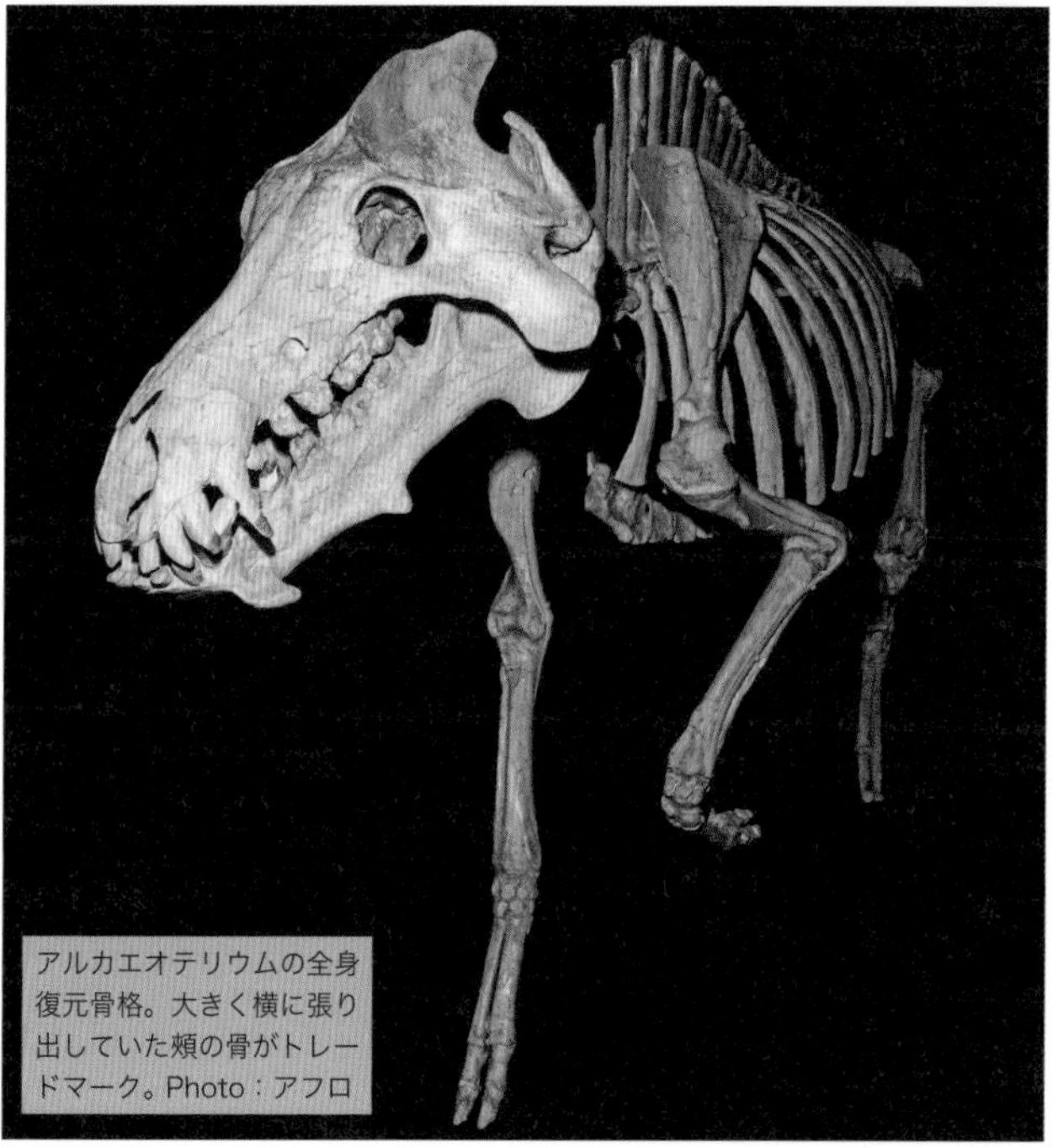

アルカエオテリウムの全身復元骨格。大きく横に張り出していた頬の骨がトレードマーク。Photo：アフロ

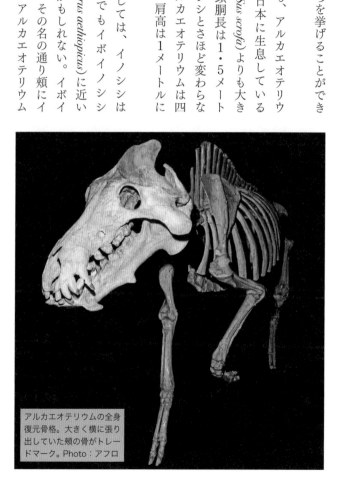

アルカエオテリウムは「giant killer pig」の異名をもつ恐ろしい狩人だったとみられている。イラスト：アフロ

の場合、イボではなく、顎の骨が出っぱっていた。

食性は「なんでも食べた」とみられており、「giant killer pig」（巨大な殺し屋豚）の異名をもつ。

【大股で駆ける】

少し時代を遡って、始新世の半ば、あるいは、その少し前のドイツなどに、頭胴長40センチメートルに対して、尾の長さもほぼ同等という、尾の長い哺乳類が生息していた。この哺乳類は、頭部は小さく、吻部はやや鋭く、前脚が短く、そして、後ろ脚が前脚に比べてかなり長いという特徴がある。その名前を「**レプティクティディウム（*Leptictidium*）**」という。

レプティクティディウムのように後ろ脚が長い場合、その生態として、通常は「跳ねる」を想定することが多い。実際、現生のカンガルーの仲間の後ろ脚は前脚よりかなり長いし、哺乳類以外でも、例えば、両生類のカエルの仲間も同様である。カンガルーも、カエルも、その移動の基本は、「跳躍」だ。

しかし、レプティクティディウムの関節は、「跳ねる」ことに対して弱いことが指摘されている。そのため、レプティクティディウムの基本的な移動は「走る」に限定されていたらしい。長い後ろ脚で、ヨーロッパに広がっていた森の中を駆ける。トットットットッ! そんな擬音語の動きがあう動物だったのかもしれない。

レプティクティディウムもまた、絶滅した哺乳類グループに属している。始新世における哺乳類の多様性のほどがよくわかるという例の一つだろう。

レプティクティディウムの復元画(上段)と化石(下段)。化石は、標本長約75cm。
Photo:アフロ　イラスト:柳澤秀紀

【ヒトの祖先といわれた霊長類】

私たちヒト（*Homo sapiens*）は、人類（ヒト科）の一員である。そして、人類はオナガザルの仲間とともに「狭鼻類《きょうびるい》」というグループをつくり、狭鼻類はオマキザルの仲間（広鼻類《こうびるい》）とともに「真猿類《しんえんるい》」をつくり、真猿類はメガネザルの仲間（メガネザル類）とともに「直鼻猿類《ちょくびえんるい》」をつくる。そして、直鼻猿類はキツネザルの仲間（曲鼻猿類《きょくびえんるい》）とともに「霊長類」をつくる。

言い換えれば、ヒトは、霊長類であり、直鼻猿類であり、狭鼻類であるけれども、曲鼻猿類ではないし、メガネザル類でもないし、広鼻類でもない。

そして、この入れ子状の分類群は、そのまま進化に関わる。すなわち、霊長類が出現し、霊長類の中に直鼻猿類が出現し、直鼻猿類の中に真猿類が現れて、真猿類の中に狭鼻類が登場し、狭鼻類の一員として、人類が誕生する、というわけである。

入れ子状の分類群が複雑な理由は、これが私たちの起源に関わるからだ。多くの人々が、「人類の起源」を探る挑戦を行っている。

そんな挑戦の中で、２０００年代の末から２０１０年代前半にかけて大きな注目を集めた霊長類がいた。その霊長類はレプティクティディウムと同じ地域、同じ時代に生息し、名前を「**ダーウィニウス（*Darwinius*）**」という。

ダーウィニウスの全長は、約58センチメートル。そのうちの34センチメートルを尾が占める。

寸詰まりの吻部はまさに霊長類らしい面構えで、足の指が長く、親指が他の指と向かい合うという特徴があった。歯の形状と、化石の胃の内容物の分析からは、果実食であった可能性が指摘されている。長い尾でバランスをとりながら、手足でしっかりと枝につかまり、果実を食べるという……典型的ともいえる霊長類の姿が目に浮かぶ。

2009年にゼンケンベルク研究所(ドイツ)のイエンス・L・フランツェンたちがダーウィニウスを報告した当初、これは人類につながる系譜であるとして大きな注目が集まった。『種の起源』で知られるチャールズ・ダーウィンにその名が献じられたことからも、フランツェン

ダーウィニウス。樹上で暮らしていたとみられている。イラスト：橋爪義弘

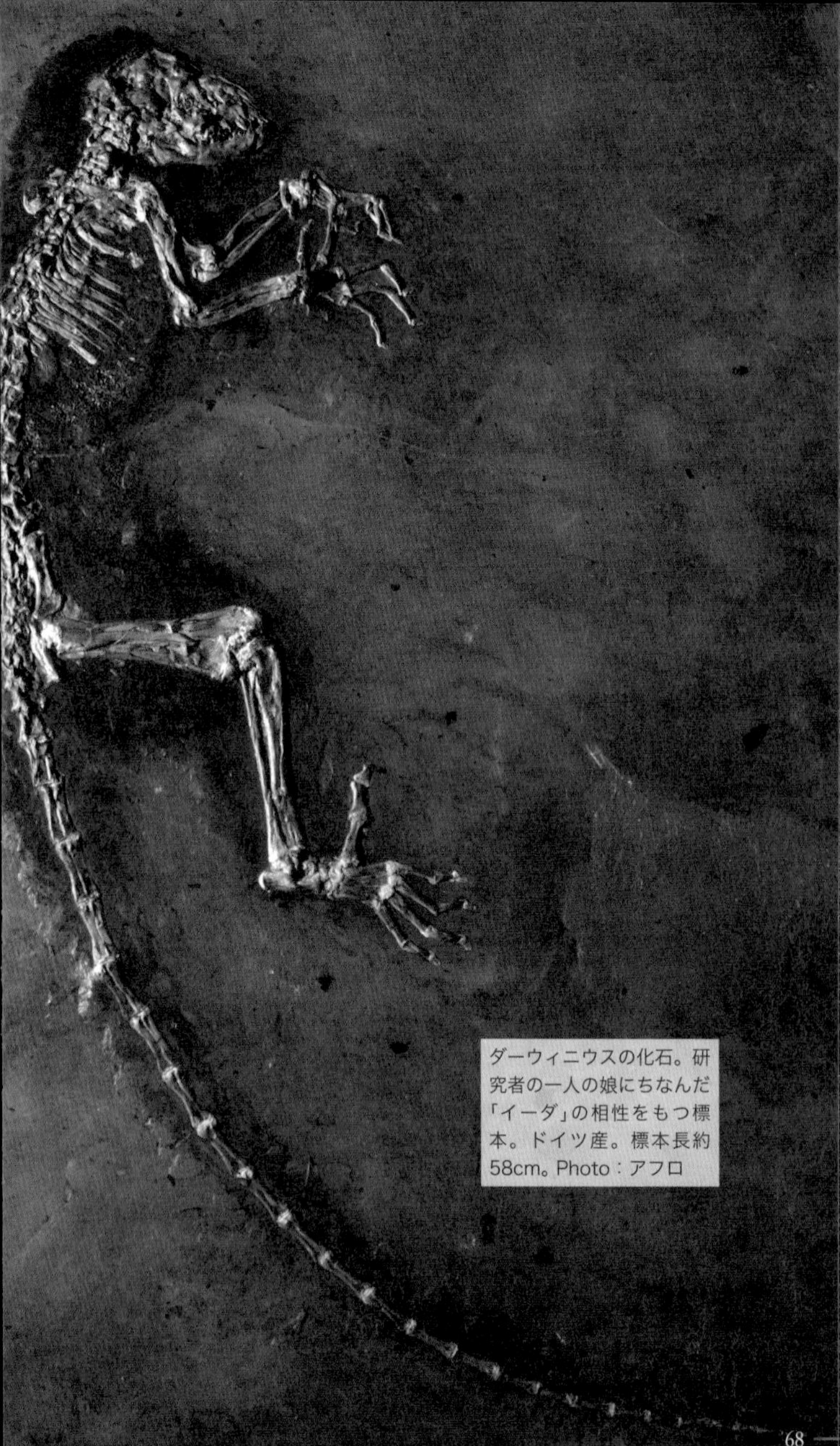

ダーウィニウスの化石。研究者の一人の娘にちなんだ「イーダ」の相性をもつ標本。ドイツ産。標本長約58cm。Photo：アフロ

たちの興奮が伝わってくる。実際、大きな報道もなされたし、すぐさま関連書籍も出版されている。日本でも、邦訳され、『ザ・リンク』と題された書籍が刊行されている。徹底したメディア戦略が展開された。

フランツェンたちは、ダーウィニウスを直鼻猿類に位置付けた。メガネザル類と人類が属するグループである(正確には、ダーウィニウスを含む分類群ごと直鼻猿類とされた)。そのため、ダーウィニウスは、人類の初期系譜を明らかにする存在とされた。

しかし、そもそも学術論文は、発表されてから本格的な議論と検証のスタートとなることが常だ。ことが人類の起源に関わるために多くの研究者が分析し……そして、フランツェンたちの論文が発表されたその年のうちに、**ダーウィニウスは曲鼻猿類との研究結果が発表された**。つまり、**霊長類ではあるものの、直鼻猿類への系譜からは外れた**ことになる。

もっとも、ダーウィニウスの報告に使われた「イーダ」の愛称をもつ標本が、特級の高品質化石であることは疑いようはなく、その化石の重要性はかなり高い。しかし現時点の理解では、人類の系譜の初期段階としてダーウィニウスを位置付けることは適当ではなさそうだ。

そして、海へ

かつて、中生代の海洋世界には、大型の海棲《かいせい》爬虫類が存在した。イルカのような姿をした魚竜類、首の長いクビナガリュウ類、そして、モササウルス類などである。彼らは海洋生態系において、さまざまな地位で生きていた。

新生代に入ると、この3グループは姿を消した(もっとも、魚竜類は中生代末を待たずに消えていた)。

もちろん、依然としてサカナたちは存在していたし、海棲爬虫類の中でもウミガメたちは滅んでいない。

しかし、海洋世界に〝隙間〟が生じたらしく、暁新世にはまず鳥類の一員であるペンギン類が進出に成功。そして、始新世には、我らが哺乳類も本格的に進出を開始する。

クジラ類の系譜の始まりだ。

【クジラ類に近い偶蹄類】

レプティクティディウムやダーウィニウスがヨーロッパの森林を楽しんでいたころ、あるいは、その少しあとの時代、現在のインドとパキスタンの境界付近に、頭胴長40センチメートルほどの偶蹄類《ぐうているい》が登場していた。

その名を「**インドヒウス**(*Indohyus*)」という。「偶蹄類」とは、シカやウシ、カバなどの仲間のことで、インドヒウスはカバ類に近いとされる。

ただし、見た目はカバ(*Hippopotamus amphibius*)とは程遠い。全体的に細身であり、吻部は細長く、長い尾がある。マメジカの仲間のような姿である。歯の形は植物食者のそれだ。

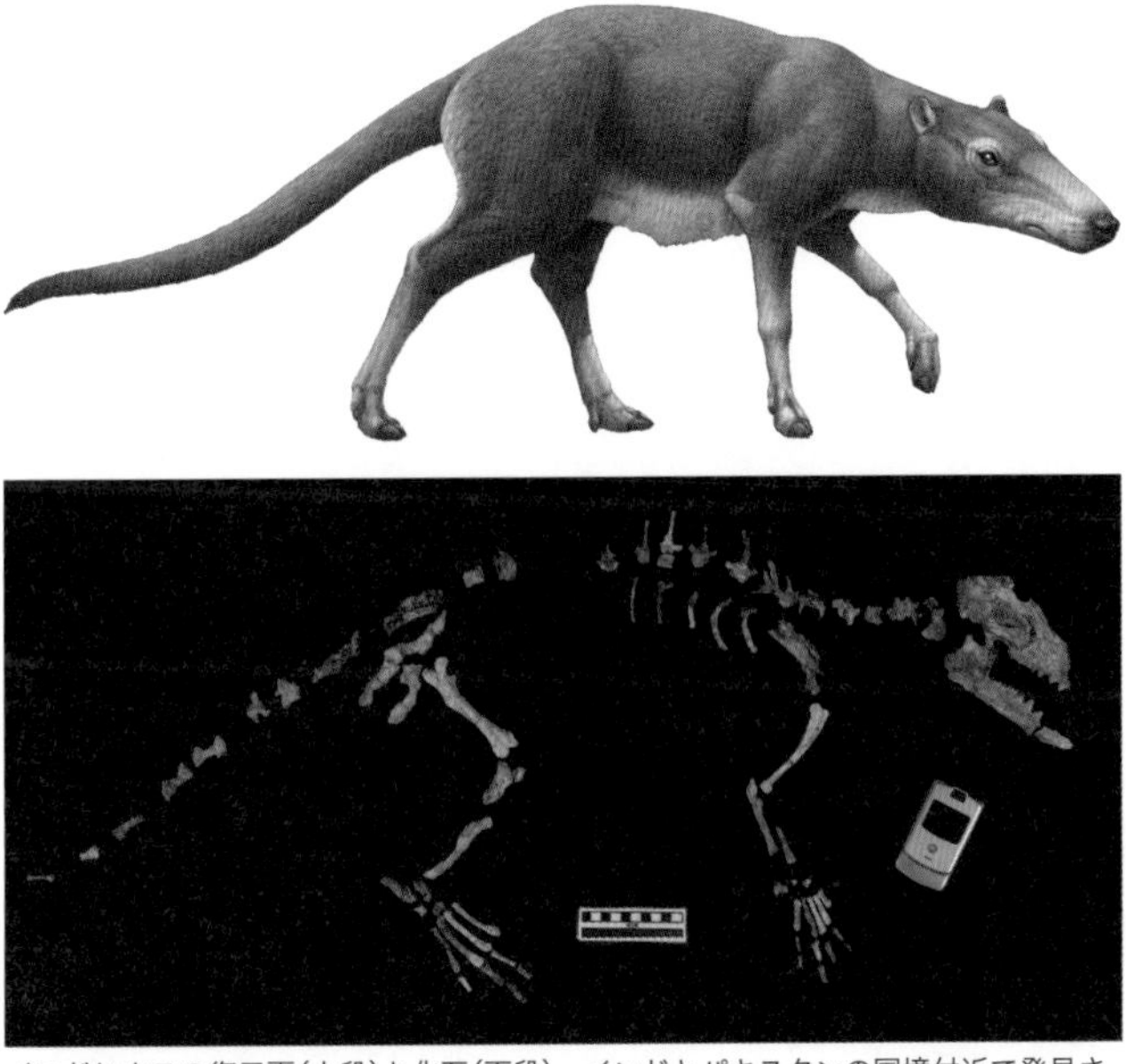

インドヒウスの復元画(上段)と化石(下段)。インドとパキスタンの国境付近で発見された複数個体の異なる部位を並べたもの。白と黒のスケールバーは、15cmに相当する。Photo：National Science Foundation提供　イラスト：柳澤秀紀

インドヒウスの見た目は、**陸上動物**のそれだ。しかし、**骨と歯の化学分析結果は水中で過ごしていた可能性を指摘**しており、**何よりも耳の骨**は、**水中の音を拾い**やす**く**なっていた。「音」は空気中と水中では伝わり方がちがう。そのため、現生種の耳をみると、私たち陸上の哺乳類と、水中で暮らすクジラ類ではそのつくりが異なっている。インドヒウスの場合、姿は陸上活動向きであっても、からだの中には〝水棲適応の準備〟が備わっていたようだ。こうした点を鑑みて、インドヒウスは、陸上と水中を行き来する生態だったとみられている。そして、この動物が、クジラ類の系譜に最も近い陸上哺乳類とされる。

【登場したムカシクジラ類】

クジラ類の中でも、初期の種類は「ムカシクジラ類」と呼ばれている。このグループにおける最古級の一つであり、代表ともいえる存在は、「**パキケトゥス**(*Pakicetus*)」である。

パキケトゥスは、インドヒウスとほぼ同じ時代に、ほぼ同じ地域に生息していた。ただし、その頭胴長は約1メートルであり、インドヒウスの倍以上、我が家のラブラドール・レトリバーとほぼ同じサイズである。もちろん見た目は、ラブラドール・レトリバーよりもインドヒウスに近い。……近いけれども、よく見れば、いくつものちがいがあった。

例えば、眼の位置だ。**パキケトゥスの眼**は、**インドヒウスと比べると高い位置にあった**。また、歯は鋭く、肉食者のそれに見える。

眼の高さは、水中に身を隠し、水面から眼の周囲だけを出してまわりのようすを窺《うかが》うことに向いている。歯の鋭さは、例えばサカナを捕食することに便利だったかもしれない。

パキケトゥスは、生態も現生のワニ類に近かったのではないか、とみられている。すなわち、水中に待機して、水を飲みにきた陸上動物を襲う。あるいは、浅い池の中でサカナを捕らえていたのではないか、というわけだ。

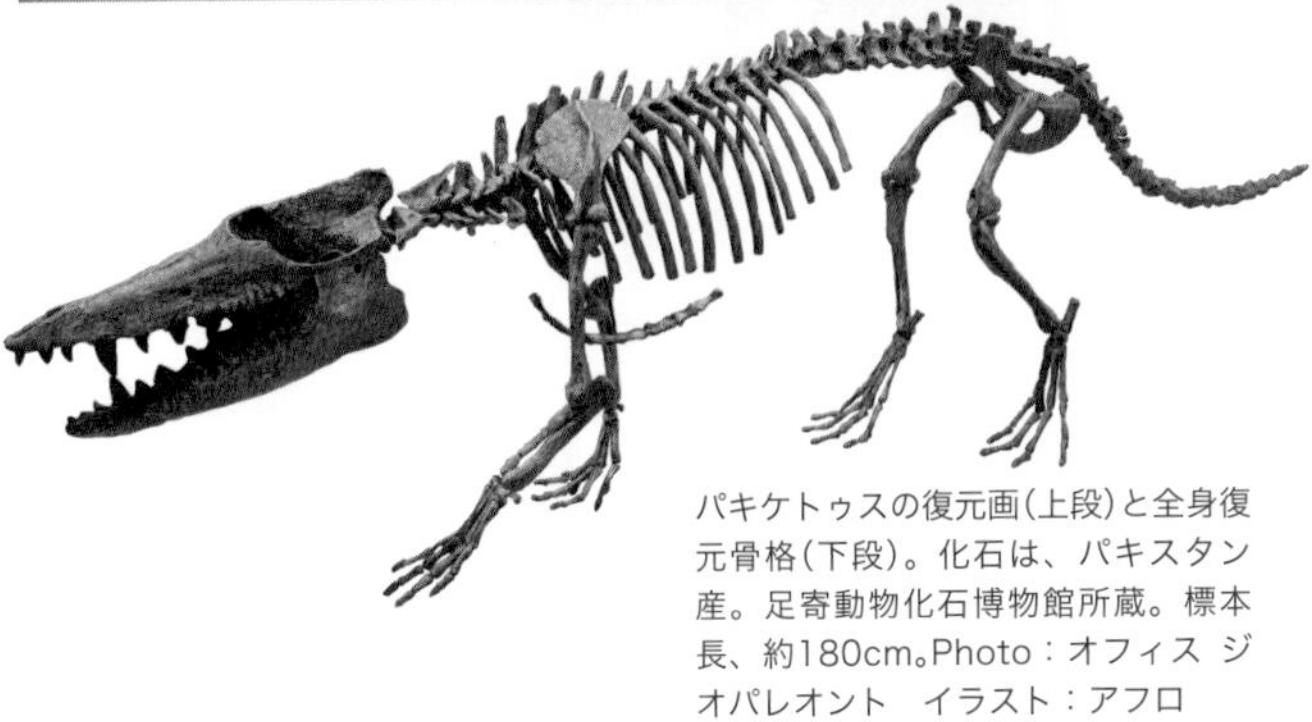

パキケトゥスの復元画（上段）と全身復元骨格（下段）。化石は、パキスタン産。足寄動物化石博物館所蔵。標本長、約180cm。Photo：オフィス ジオパレオント　イラスト：アフロ

いずれにしろ、かくしてクジラ類の歴史はスタートした。そして彼らは、急速に水棲適応を遂げていくことになる。

【さらに水棲適応したムカシクジラ類】

パキケトゥスの出現から100万年ほど経過したころ、インドヒウスやパキケトゥスのいた場所からそう離れていない場所にあった海に、〝一歩進んだムカシクジラ類〟が登場した。

このムカシクジラ類の名前を「**アンブロケトゥス**（*Ambulocetus*）」という。ラブラドール・レトリバーサイズだったパキケトゥスを遥かに凌駕《りょうが》するその頭胴長は、実に2・7メートルに達した。吻部は細長く、しかし、がっしりとしており、口には明らかに肉食性とわか

アンブロケトゥスの全身復元骨格。化石は、パキスタン産。足寄動物化石博物館所蔵。Photo：オフィス ジオパレオント

る鋭い歯が並ぶ。四肢は短く、手足には水かきがあったとみられ、また、長くて力強い尾をもっていた。

　アンブロケトゥスの化石が発見された場所の近くでは、陸上哺乳類の化石もみつかっている。その一方で、海棲の巻貝の化石も発見されている。また、アンブロケトゥス自身の歯の化石の化学分析の結果は、アンブロケトゥスが汽水環境に生きていたことを示唆していた。

　こうした諸情報は、**アンブロケトゥスが河口域や沿岸域を生息域としていたことを物語**る。実は、インドヒウスもパキケトゥスも、彼らの「水域」は、河川などの「淡水域」だった。アンブロケトゥスの〝段階〟に至って、ムカシクジラ類はついに「海に出た」のである。

そして、実は、〝もっと海〟だったのかもしれないという指摘もある。２０１６年に名古屋大学大学院の安藤瑚奈美と名古屋大学博物館の藤原慎一が発表した研究によると、アンブロケトゥスの「肋骨《ろっこつ》の強度」は、完全な水棲種のそれであるという。

多くの四足動物は肋骨をもち、その一部は前脚と筋肉でつながっている。陸上を四肢で歩き回る場合、その肋骨は、からだの前半分の体重を支えることになる。そのため、陸上種のその肋骨はかなり丈夫であり、半水半陸の生態であっても、それなりに丈夫である。しかし、安藤と藤原の研究によれば、アンブロケトゥスの肋骨には、そうした〝丈夫さ〟がなかったというのだ。

さまざまな要素が絡み合うアンブロケトゥスは、ムカシクジラ類の進化の鍵を握る存在だ。

しかし、インドヒウスやパキケトゥス、アンブロ

アンブロケトゥスの復元画。
イラスト：柳澤秀紀

ケトゥスの化石産地の周辺域は、21世紀になってから急速に治安が悪化し、古生物学者によるさらなる調査が極めて困難な状況になっている。早く平和な時代がやってきて、多くの古生物学者が安全に研究ができる日々が再び訪れることを願ってやまない。

【陸で出産？ のムカシクジラ類】

さて、新生代の哺乳類ともなれば、子を卵ではなく、赤ちゃんとして産んでいたとみられている（中生代の哺乳類については謎が多い）。いわゆる「胎生」である。クジラ類も例外ではなく、現生種は水中で子を出産する。

このときポイントとなるのは、胎児の向きだ。

陸上で暮らす哺乳類は、頭から産む。つまり、母体からは、頭が先に出る。一方、水棲哺乳類は、尾からであることが多い。これは、哺乳類の呼吸法と関係している。

哺乳類の呼吸は肺呼吸であり、水棲種であっても水中では呼吸できず、水面から顔を出す必要がある。水中における出産に際して何らかの理由で時間がかかった場合、頭から産んでいたとしたら子は呼吸できなくなって窒息死してしまう。尾から先に出すことで、子の頭部をぎりぎりまで母体内に残し、出産したらすぐに水面で呼吸できるようにする。その方が安全だ。

水中に進出することによって、出産の方式が変わったのである。

そのため、子を「頭から産む方式」であるか「尾から産む方式」であるかという情報は、その動物がどのくらい水中生活に適応していたのかを探る指標になるとみられている。

では、まさに水中へ進出する途上にあるムカシクジラ類はどうだったのだろうか？

一つの手がかりが報告されている。

「**マイアケトゥス**(*Maiacetus*)」と名付けられたムカシクジラ類の化石だ。パキスタンで発見されたその化石には、「GSP-UM 3475a」という標本番号が付けられている。ちなみにこの化石は、マイアケトゥスの命名に用いられた標本(ホロタイプ：正基準標本)でもある。

マイアケトゥスの全長は2・6メートルほどで、アンブロケトゥスと似た姿をしている。ただし、アンブロケトゥスよりも尾の骨に高さがあるため、尾鰭《おびれ》をもっていた可能性が指摘されている。アンブロケトゥスよりも〝一歩先〟へ水中適応が進んだと位置付けられるムカシクジラ類である。

2008年にマイアケトゥスを報告したミシガン大学(アメリカ)のフィリップ・D・ギンガリッチたちは、「GSP-UM 3475a」の体内に、小さな動物の化石があることを見出した。ギンガリッチたちは、この小さな動物を胎児と判断し、その頭部の方向に注目。後方に向いていたことから、マイアケトゥスは「頭から産む方式」だった可能性が高いとしている。

ギンガリッチたちの指摘の通り、**マイアケトゥスが「頭から産む方式」を採用していたのであれ**

ば、**出産は陸上で行われていた可能性が高くなる**。ムカシクジラ類において、マイアケトゥスの〝段階〟においても、まだ陸域との〝縁〟は深かったわけだ。

もちろん、「GSP-UM3475a」が見せる状態が、いわゆる「逆子」だった可能性もあるし、そもそも胎児ではなく、他の動物を捕食したものが体内に残っていた可能性もある。「可能性」という言葉ばかりを羅列してしまうが、これは現時点では如《い》何《かん》ともし難い。マイ

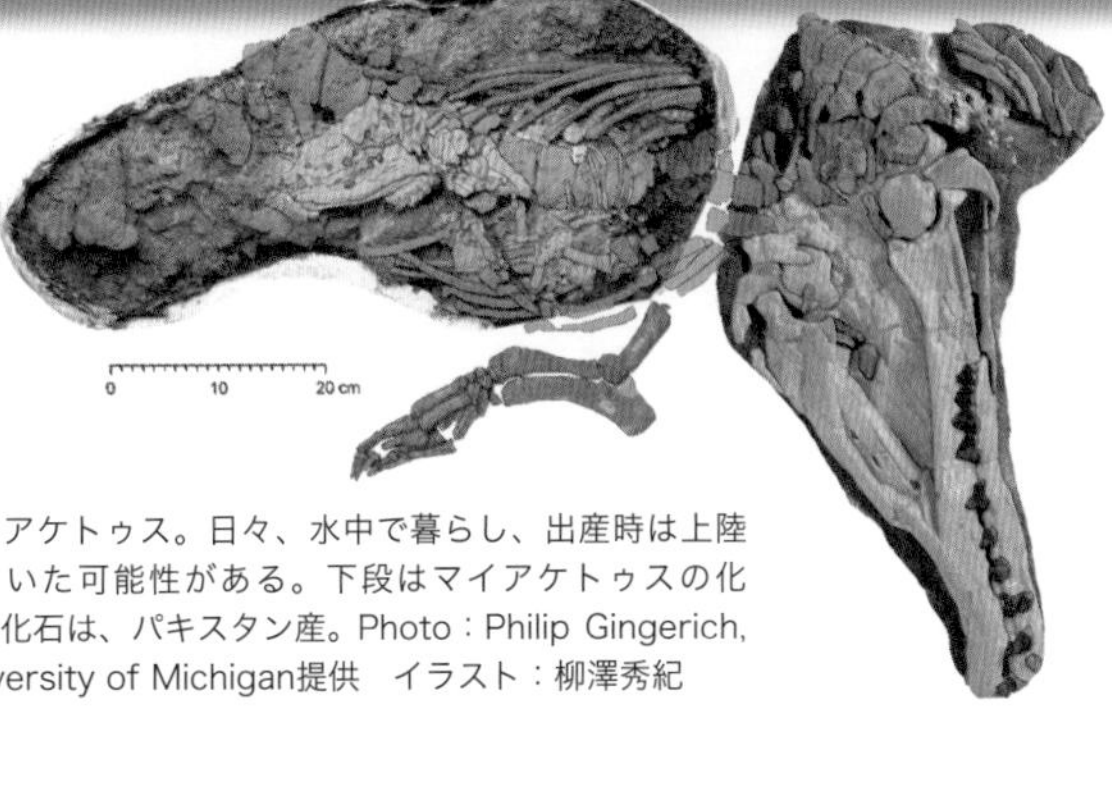

マイアケトゥス。日々、水中で暮らし、出産時は上陸していた可能性がある。下段はマイアケトゥスの化石。化石は、パキスタン産。Photo : Philip Gingerich, University of Michigan提供　イラスト：柳澤秀紀

アケトゥスの新標本が発見され、胎児が確認されれば、もう少し〝可能性の高い話〟となることだろう。

【覇者級のムカシクジラ類】

始新世の終わりが近づいたころ、ムカシクジラ類における〝進化の頂点〟ともいうべき種類が登場した。

「**バシロサウルス**（*Basilosaurus*）」だ。

バシロサウルスは、全長20メートルに達する超大型のムカシクジラ類である。現生のナガスクジラ（*Balaenoptera physalus*）に匹敵する巨体だ。ただし、ナガスクジラと比べると、全長に占める頭部の割合はずっと小さい。また、ナガスクジラの首は、個々の骨が癒合していることに対し、バシロサウルスの首の骨はそれぞれ独立していた。前脚は鰭《ひれ》となり、後脚は小さくなっていて、骨盤と関節していない。どこからどうみても、水中適応を果たした姿をしている。なお、哺乳類なのに、

バシロサウルスの復元画。
イラスト：柳澤秀紀

エジプトの「クジラの谷」にあるバシロサウルスの化石。
Photo：アフロ

「*saurus*」が名前に使われているのは、命名時に爬虫類と勘違いされたからだ。バシロサウルスの研究史において、その勘違いは早期に指摘・修正されたものの、一度つけられた学名は、そう簡単には修正されない。

バシロサウルスの頭部は小さいとはいえ、それはあくまでも「全長に占める割合」の話だ。実際のところ、頭部は2メートル近い長さがあり、そこにはがっしりとした歯が並ぶ。

2015年にウィスコンシン大学（アメリカ）のエリック・スニブリーたちが発表した研究によると、バシロサウルスの顎が生み出す「噛《か》む力」は、2万ニュートンを超えたという。この値は、サメ類と比較するとけっして大きいとはいえないが、それでも、現生のワニ類などよりもよほど大きい。

強力な顎を武器に、バシロサウルスは始新世の海洋生態系に君臨していたらしい。2019年、ライプニッツ進化・生物多様性研究所（ドイツ）のマンヤ・ヴォスたちは、エジプトで発見されたバシロサウルスの化石（標本番号「WH 10001」）に注目し、その胃の内容物として小型のムカシクジラ類とそれなりの大きさとみられるサカナの歯が確認できたことを報告している。ヴォスたちの調査によれば、小型のムカシクジラ類は、少なくとも2個体以上は捕食されていたようだ。

ヴォスたちは、バシロサウルスを「頂点捕食者」と位置付ける。そして、だからこそ、これまで以上に注目し、分析を続けていく必要があると、論文の中で主張している。

ムカシクジラ類は、始新世に登場し、始新世で進化を重ね、始新世が終わる前に、海洋生態系に君臨するに至った。その期間は1000万年に満たず、なかなかの〝速度〟である。なお、本書におけるムカシクジラ類の話はここで終わりだ。次の漸新世からは、クジラ類の物語へと移る。「もう少しムカシクジラ類について情報が欲しい」という方は、2021年に技術評論社から上梓《じょうし》した拙著、『地球生命　水際の興亡史』を開いてほしい。

【カイギュウ類も登場】

ムカシクジラ類のパキケトゥスが南アジアに登場した頃、カリブ海では別の哺乳類が海洋進出を始めていた。

カイギュウ類である。現生のジュゴン（*Dugong dugon*）やアメリカマナティー（*Trichechus manatus*）の仲間たちだ。

最初期のカイギュウ類として、ジャマイカから化石が発見された「**ペゾシーレン（*Pezosiren*）**」を挙げておこう。

ペゾシーレンは全長2・1メートル。ジュゴンやアメリカマナティーのように寸詰まりの吻部と長い胴体をもつ一方で、ジュゴンやアメリカマナティーとはちがって、しっかりとした四肢をもっていた。つまり、ペゾシーレンは、**完全な水棲適応を遂げていない**。

一方で、水棲哺乳類のような〝重い骨〟(水中でからだが浮き上がりすぎないようにするための重りになる)や、高い位置の鼻(水面下に頭部の大部分を沈めても、呼吸ができる)などの特徴もあるため、基本的には水中生活をしていたのではないかとされる。

ペゾシーレンの全身復元骨格(左)と復元画(下段)。Photo:札幌市博物館活動センター提供　撮影場所:国立科学博物館地球館地下2階　イラスト:柳澤秀紀

ペンギン類は多様化する

一足先に海洋進出を果たしていたペンギン類は、始新世の海で多様化を進めていた。

【暑い時期に暑い海域に生息】

始新世の半ばにあたる約4200万年前。地球の気候がまだ温暖だった時期のことだ。南緯14度付近という、かなりの暖かい……いや、暑い海域で暮らすペンギン類がいた。

そのペンギン類の名前を「**ペルディプテス**（*Perudyptes*）」という。

ペルディプテスの体高は75センチメートル前後だ。暁新世の大型ペンギンであるクミマヌ・フォルダイセイはもちろん、最古級のペンギン類であるワイマヌと比較しても小型である。

ペルディプテスのポイントは、「暑い時期に暑い（熱い）海域に生息していた」という点だ。「**寒冷地以外にもその生息域がある**」という**事実**は、**ペンギン類の生態も多様**だったことを物語る。ペルディプテスの存在は、ペンギン類のそうした可能性に迫るものといえる。

インカヤク
ペルディプテス
イカディプテス
イラスト：柳澤秀紀

【〝タキシード色〟ではないペンギン】

現在のペンギン類の色は、タキシードにたとえられるほどに、「白」と「黒」である。過去も同じ色だったのだろうか？

古生物の色は、基本的に謎だ。よほどの幸運がない限り、色を推測する手がかりはない。「よほどの幸運」とは、例えば、羽毛が残っていることだ。そして、その羽毛に色を推測する要素が残っていることがある。

ペルーに分布する約３６００万年前——始新世の終盤に近い時期の地層から発見されたペンギン類「**インカヤク**（*Inkayacu*）」の化石には、翼をつくる羽毛が残っており、〝色の手がかり〟があった。「よほどの幸運」があったのだ。その分析から、インカヤクの羽毛の大部分の色は、「灰色」もしくは「赤褐色」であったと推測されている。この色合いでは、とてもタキシードにたとえることはできない。

インカヤクの化石に残っていた〝色の手がかり〟は全身ではなく、部分的なものだった。そのため、インカヤクの全身の色がわかったわけではない。しかし、**インカヤクの存在は、ペンギン類がかつてもっとカラフルだった可能性を示唆している。**

【始新世にもいた大型ペンギン】

インカヤクとほぼ同じ時期の、ペルディプテスのいた海域のそばに生息していた「イカディプテス(*Icadyptes*)」は、いわゆる「大型のペンギン」の一つだ。その体高は、実に150センチメートルに達した。暁新世のクミマヌ・フォルダイセイに迫るサイズだ。

イカディプテスは、単純に「大きい」だけではない。首は太くてがっしりとしたつくりで、翼も大きく力強い。そして、クチバシが長かった。その長さたるや23センチメートルに達し、

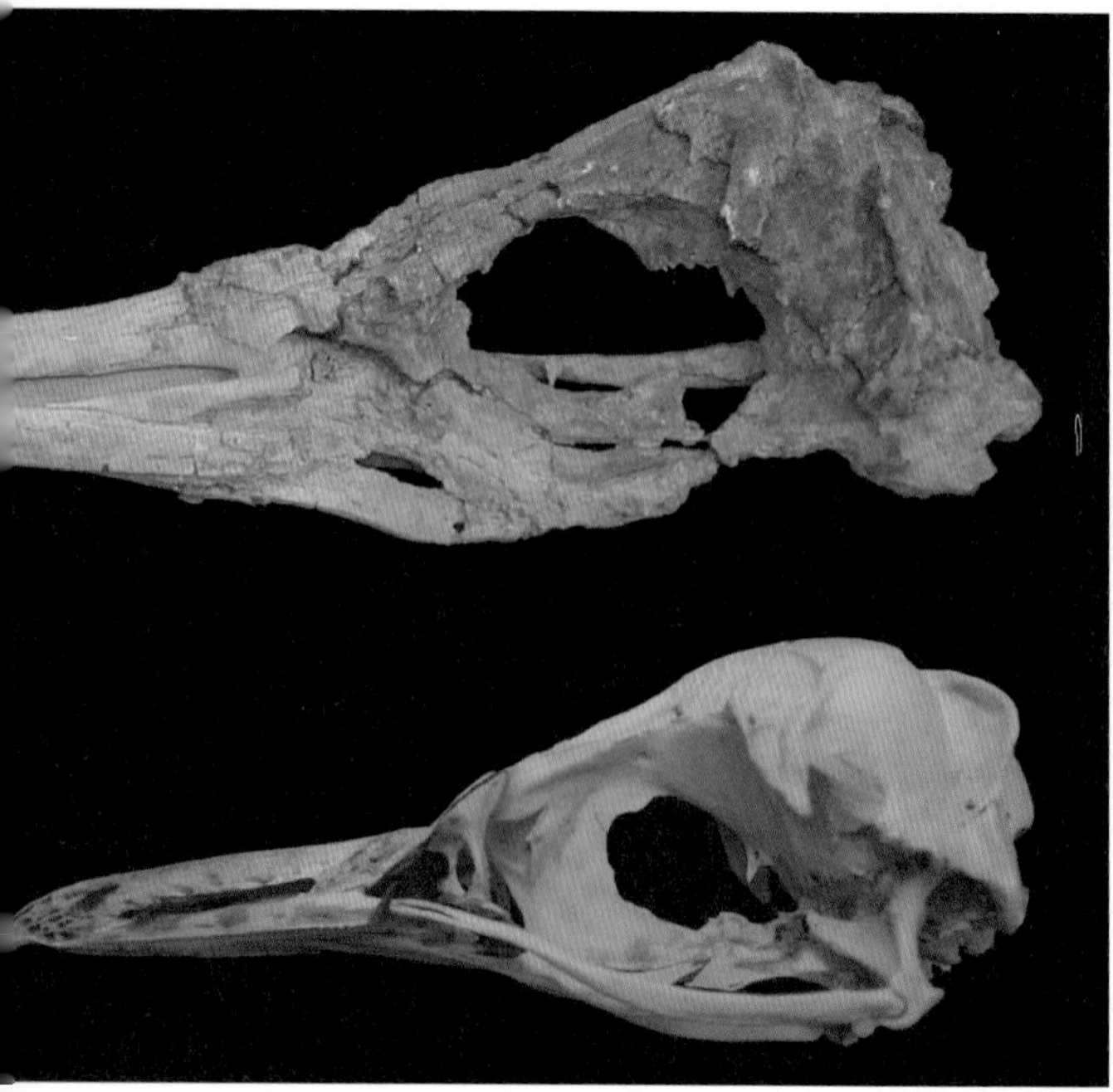

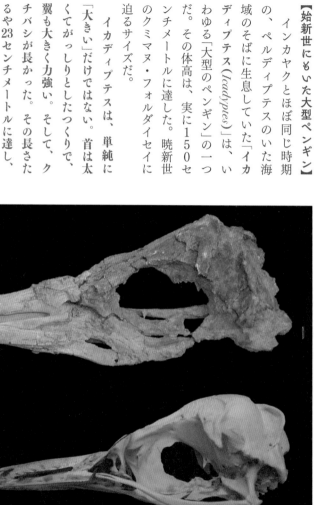

しかも先端が鋭い。まるで、西洋の細剣のようだ。

　さまざまなペンギン類が繁栄した始新世の海洋世界。ペンギンファンのみなさんにとっては、天国のような時代だったのかもしれない。

イカディプテスの頭骨（上段）と現生のフンボルトペンギンの頭骨（下段）。Photo：Daniel Ksepka提供

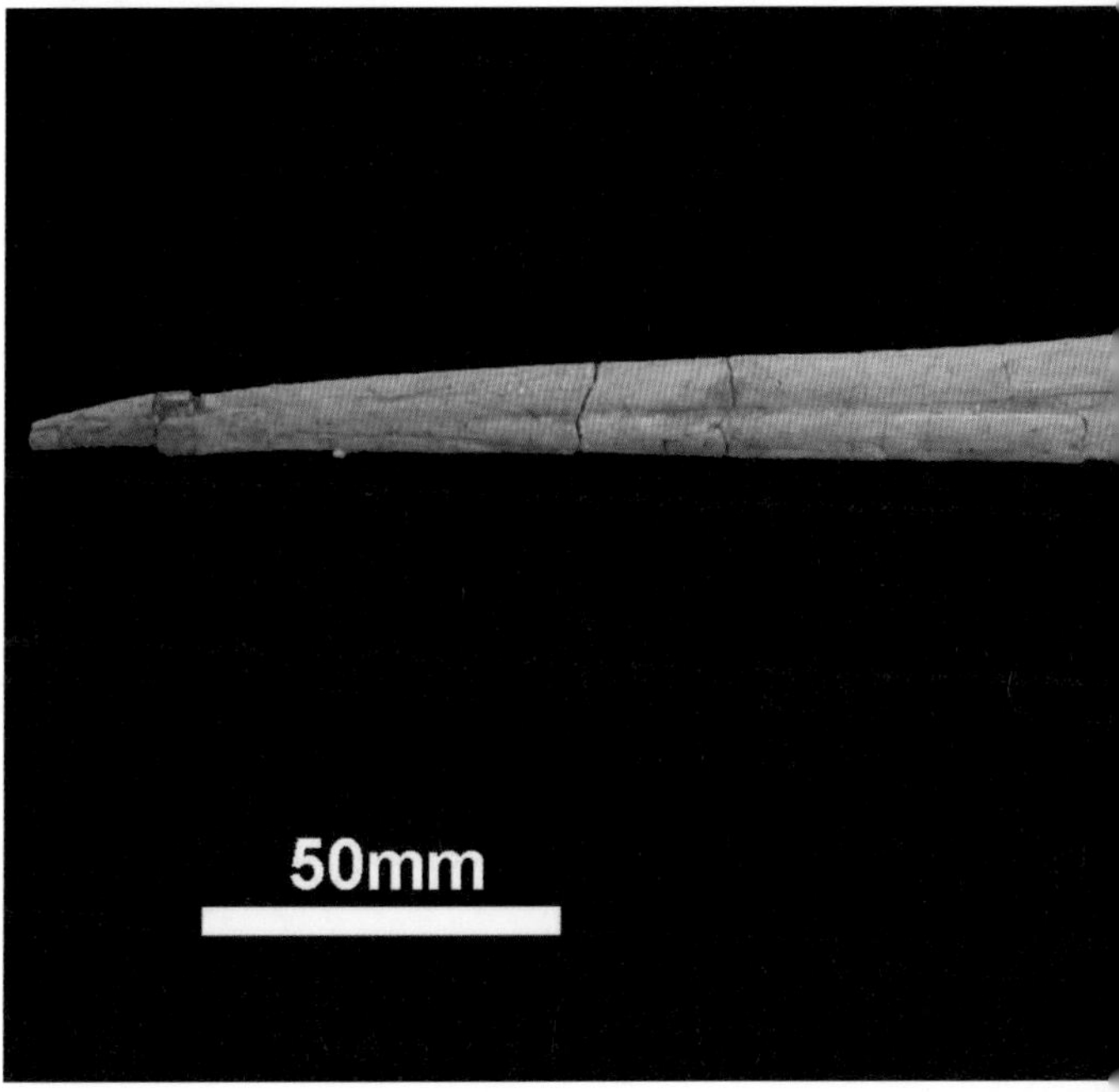

第3節　変革する世界──漸新世

２０２１年に発表されたスコテーゼたちの論文によると、始新世の最末期、地球の平均気温は「衝突の冬」と同等の寒さとなった。この〝極端な寒冷期〟はすぐに終息したものの、その後も地球の平均気温は、約20℃と約16℃の間を変動し続けることになる。

約３３９０万年前に始まり、約２３００万年前まで続いた「漸新世」という時代は、そんな寒冷な時代だ。中生代三畳紀以降のこの時点に至るまでの間で、「最も寒い時代」ともいえる。

この寒冷化の原因は、一つには、南極大陸の完全な孤立化があるとされている。始新世の間に他大陸と分裂した南極大陸は、漸新世になってオーストラリア大陸がさらに北上したことにより、さらに孤立していった。その結果、南極大陸をぐるりと回る「南極周極流」が形成された。

寒冷な極域を流れ続ける南極周極流は、他の海流と混ざることなく、どんどん冷たくなっていく。南極域にクーラーが生まれたようなものだ。やがて世界は冷やされていくことになる。

イヌの〝直系〟とクマへの〝兆し〟

食肉類には、大きな二つの〝系譜〟が存在する。一つは、〝ネコの系譜〟。もう一つは、〝イヌの系譜〟だ。

このうち、〝ネコの系譜〟の古生物は、当初から「ネコらしい姿」をしていた。森林で暮らし、森林で進化を重ねていく。

一方、〝イヌの系譜〟は、現代日本に暮らす私たちが、「イヌ」という言葉から想像する「イヌらしい姿」とは少し異なっていた。イタチに近い姿で、踵を着いて歩く蹠行性。樹木に登ることもできたとみられている。

——ここまでが始新世の話だった。

【イヌ、現れる】

漸新世になって、「イヌらしい姿」のイヌ類が北アメリカ大陸に出現した。

「**レプトキオン**（*Leptocyon*）」である。

その頭胴長は、50センチメートル前後。始新世の〝イタチに近い姿〟のヘスペロキオンよりも一回り大きい。姿もどちらかといえば、キツネに近い（キツネは、イヌ類の一員だ）。

レプトキオンの足は、踵を着かずに歩く指行性となっていた。現生のイヌたちと同じである。完全な地上性となり、ヘスペロキオンのような樹上生活はできなかったとみられている。「地上を駆け回る」という「イヌらしい生態」の始まりだ。

レプトキオンは、一つの属としてはなかなかの長寿を誇り、漸新世が終わったのちも1000万年以上にわたって存続する。そして、レプトキオンから現生イヌ類である「カニス（*Canis*）」がのちに出現したと考えられている。


【クマへ】


クマ類は、イヌ類に近縁だ。

イヌ類とクマ類、イタチ類などをまとめて「イヌ型

レプトキオンの復元画。現生のイヌ（カニス）につながるイヌ類である。イラスト：柳澤秀紀

アンフィキオンの復元画。クマ類に近縁とされる。イラスト：柳澤秀紀

類」という。イヌ類は、イヌ型類における先陣で、漸新世にはすでに「イヌらしいイヌ類」であるレプトキオンが登場するに至る。

一方、イヌ型類にクマ類への進化の兆しが見え始めたのも漸新世だ。

頭胴長2メートル、体重200キログラム超という、現生のヒグマ（*Ursus arctos*）並みの体格をもつ「**アンフィキオン**（*Amphicyon*）」がヨーロッパに登場したのである。太い首、頑丈な四肢を備え、手足は蹠行性というイヌ型類である。

アンフィキオンは、「アンフィキオン類」と呼ばれるイヌ型類のグループの代表であり、このグループ自体は現在ではすでに絶滅している。しかし漸新世当時には圧倒的な存在感をみせ、生態系の上位に君臨していた。当時、アンフィキオン類は、ヨーロッパだけではなく、アジアも北アメリカも席巻していた。「アンフィキオン類がいた間は、イヌ類が勢力を広げることはなかった」との見方もあるほどだ。そして、そんなアンフィキオン類の近縁として、やがてクマ類が現れたと考えられている。

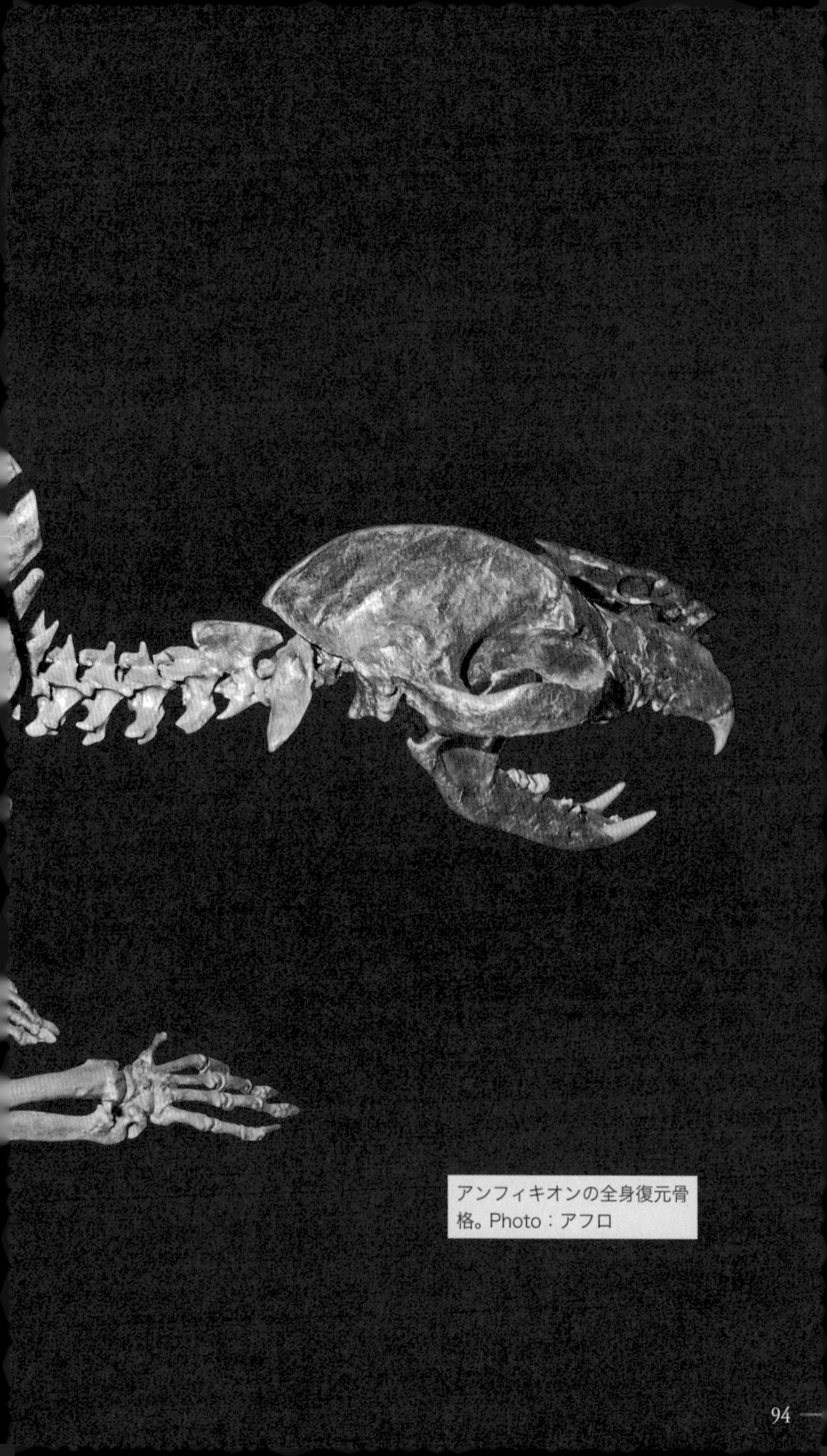

アンフィキオンの全身復元骨格。Photo：アフロ

The Evolution of Life 4000MY -Cenozoic-

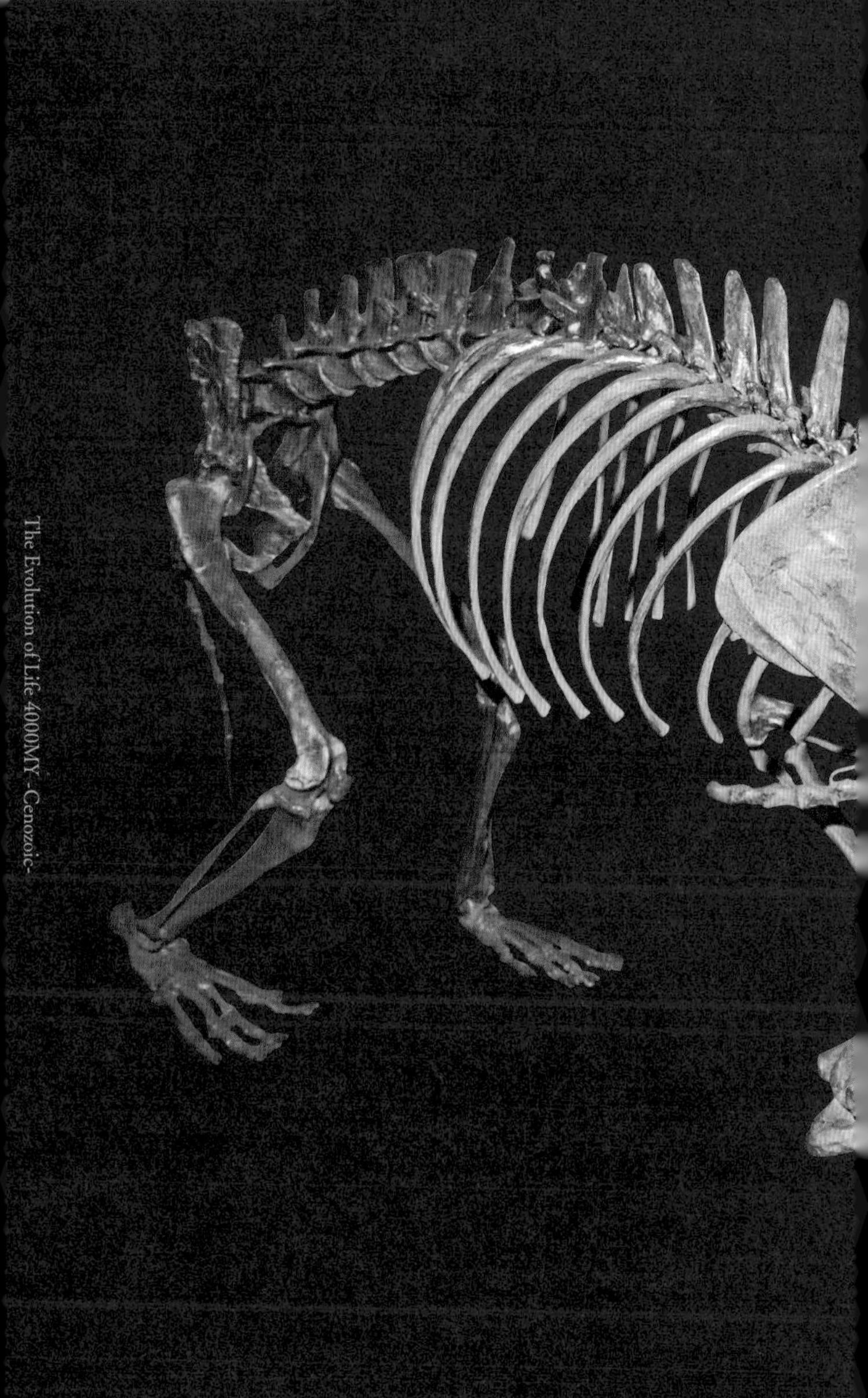

クジラ類は次のステップへ

始新世に海洋進出したクジラ類は、順調に多様化を続けていった。

そして、漸新世になって生じた南極周極流は、クジラ類にさらなる〝チャンス〟を創出する。

南極大陸をぐるぐると回る海流は、暖流と交わることがない。そのため、しだいに冷たく、そして重くなっていく。そして、深海に沈むのだ。

深海底には、さまざまな栄養分が堆積している。深海へ沈んだ海流は、海底にたまる栄養分を巻き上げる。その栄養分は、プランクトンの餌となり、プランクトンが急増。そして、その増えたプランクトンを餌として、「ヒゲクジラ類」が台頭する。

【歯のあるヒゲクジラ類】

知られている限り最も古いヒゲクジラ類の化石は、ペルーに分布する始新世最末期の地層から発見されている。

ベルギー王立自然科学研究所のオリビエ・ランバートたちが２０１７年に報告したそのヒゲクジラ類の名前を「**ミスタコドン（*Mystacodon*）**」という。１メートル近い頭骨の化石が知られてお

ミスタコドンの頭骨化石。上段は背側、中段は側面(左右は上下段と逆で、左が吻部先端)、下段は腹側から撮影されたもの。標本長約90cm。
Photo : Olivier Lambert提供　Courtesy of “The giant bite of a new raptorial sperm whale from the Miocene epoch of Peru”

り、その頭骨から推測される全長は、3・75〜4メートルだ。のちのヒゲクジラ類と比べると、「慎《つつ》ましいサイズ」と言ってもよいかもしれない。

ヒゲクジラ類の頭骨は、真上から見ると二等辺三角形に近い形状で、そして高さがあまりない。ミスタコドンは〝最古の存在〟でありながらも、すでにこの形状の頭骨をしている。

しかしヒゲクジラ類でありながらも、ミスタコドンの口には、「ヒゲ」はなく、しっかりとした「歯」が並んでいた。ランバートたちによる口腔《こうくう》の分析結果によると、ミスタコドンは「吸引摂食」もしていた可能性があるという。海底を移動する獲物に近づいて、海水ごと吸い込んで食べていたというのだ。

ミスタコドンの〝一歩先〟に位置付けられているヒゲクジラ類が、「**エティオケタス**(***Aetiocetus***)」だ。

エティオケタスもまた、「歯のあるヒゲクジラ類」である。エティオケタスの名前(属名)をもつ種は複数報告されており、日本でも北海道に分布する漸新世の地層から「**エティオケタス・ポリデンタトゥス**(*Aetiocetus polydentatus*)」が報告されている。その全長は、3・8メートルと推定されており、ミスタコドンとほぼ同じ大きさだ。なお、エティオケタス・ポリデンタトゥスは、「アショロカズハヒゲクジラ」の和名でも知られている。化石産地である「足《あ》寄町《しょろちょう》」と「歯の数が多いこと」にちなんだ名前だ。

エティオケタスというヒゲクジラ類は、まさしくヒゲクジラ類の進化の途上にあり、アメリカから化石が発見されている「**エティオケタス・ウェルトニ**(*Aetiocetus weltoni*)」は、「歯のあるヒゲクジラ類」ではあるものの、ミスタコドンやエティオケタ

ス・ポリデンタトゥスとは異なり、ヒゲもあったとみられている。つまり、エティオケタス・ウェルトニは、「歯もヒゲもあるヒゲクジラ類」なのだ。

そんなエティオケタスの〝一歩先〟は、アメリカに分布する漸新世初頭の地層から化石が発見された「**マイアバラエナ**(*Maiabalaena*)」である。全長4・6メートルと見積もられているこのヒゲクジラ類には、ヒゲクジラ類の試行錯誤を垣間見《かいまみ》ることができる。なにしろ、**マイアバラエナ**に

エティオケタス・ポリデンタトゥスの復元骨格の頭部付近。足寄動物化石博物館所蔵。Photo：安友康博/オフィス ジオパレオント

は、**歯もヒゲもない**。すなわち、**マイアバラエナは、「歯もヒゲもないヒゲクジラ類」**である。

マイアバラエナを2018年に報告したジョージ・メイソン大学(アメリカ)のカルロス・マウリシオ・ペレドたちは、マイアバラエナは獲物をまるごと吸い込んで食べていたとみている。

こうした最初期のヒゲクジラ類の中で、**「歯のないヒゲのあるヒゲクジラ類」**……つまり、一般**に「ヒゲクジラ類」という言葉から想像できるヒゲクジラ類の一つが、アメリカに分布する漸新世**

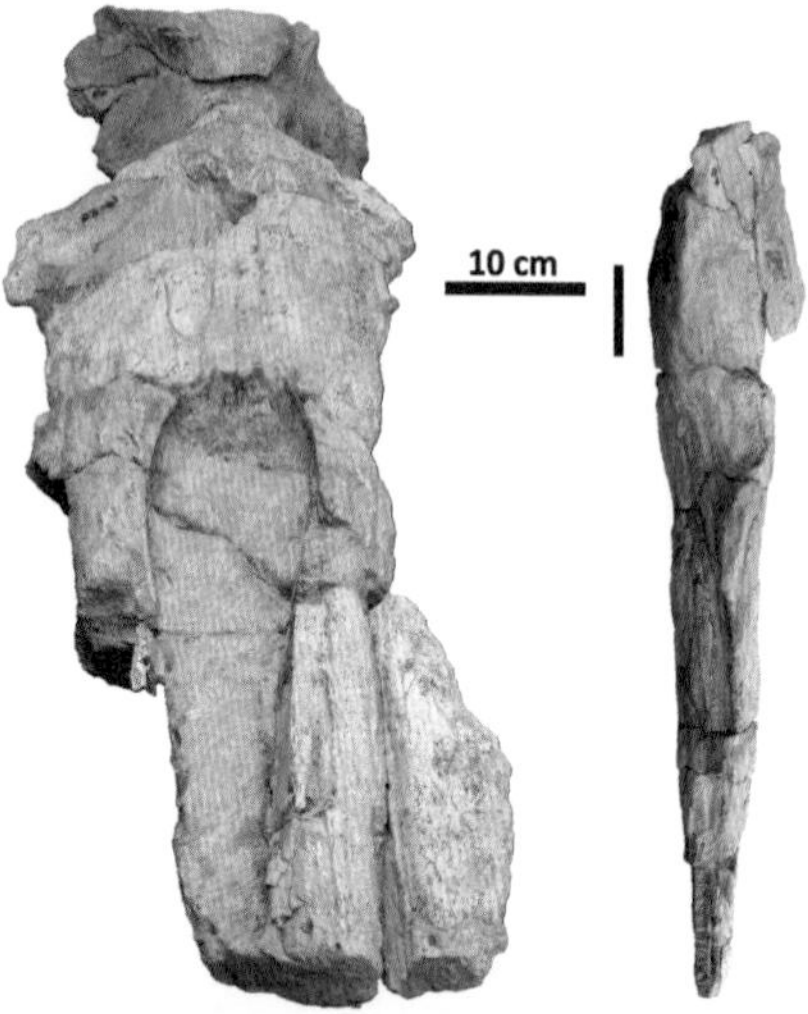

エオミスティケタスの頭骨を吻部方向から見たもの(左)と側面(右)。Photo：Hernández-Cisneros提供

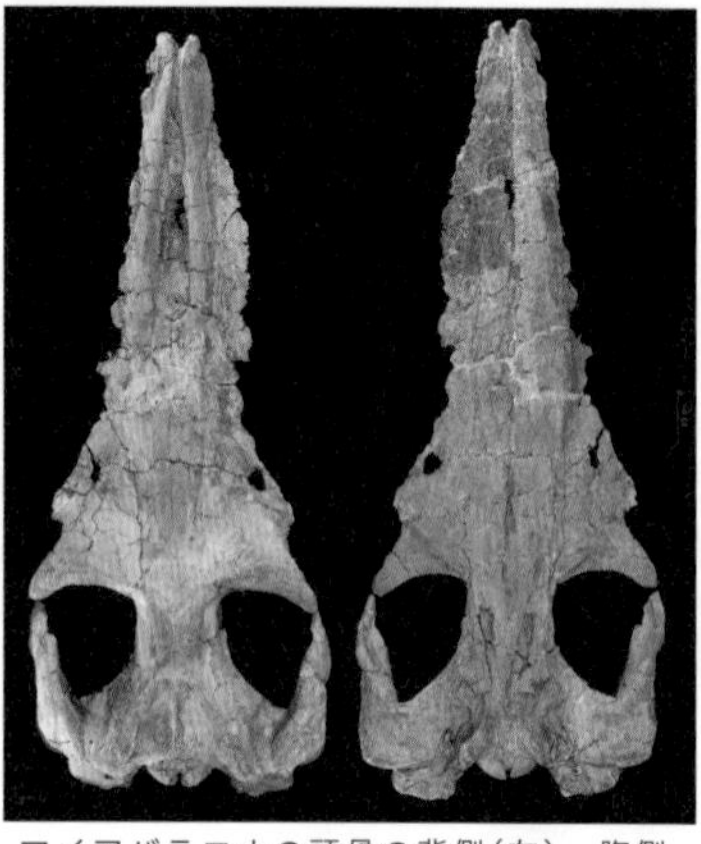
マイアバラエナの頭骨の背側(左)、腹側(右)。Photo：Carlos Mauricio Peredo提供

半ばの地層から化石が発見されている「エオミスティケタス（*Eomysticetus*）」である。部分化石ばかりが知られているために正確な大きさは不明なものの、約1・5メートルの頭骨から推測されるその全長は、7メートルに達したという。

エオミスティケタスは、ヒゲを用い、現生のヒゲクジラ類と同じようにプランクトンを主食としていたようだ。

もっとも、その頭骨にはヒゲクジラ類としてみると原始的な特徴がいくつかある。例えば、現生のヒゲクジラ類の下顎は、外側に大きく湾曲している。そのため、口を大きく膨らませることが可能である。いっきに大量の水を口に含み、こし取り、大量のプランクトンを得ることができるのだ。エオミスティケタスの下顎には、この湾曲構造がない。すなわち、口に含むことができる水量は限られていた。また、鼻の孔《あな》の位置も、現生種と比較するとエオミスティケタスのそれは口先に近い。これは、バシロサウルスなどのムカシクジラ類と共通する。

いずれにしろ、ヒゲクジラ類は、「歯のあるヒゲのないヒゲクジラ類」から始まり、「歯もヒゲもないヒゲクジラ類」を経て、「歯のないヒゲのあるヒゲクジラ類」——つまり、〝現代的なヒゲクジラ類〟に到達した。漸新世にプランクトン食に特化したクジラ類が登場するに至り、クジラ類は海洋生態系において、その地位を確立させつつあった。

上から、マイアバラエナ、エティオケタス、ミスタコドン、エオミスティケタスの復元画。右ページのマイアバラエナとあわせ、ヒゲクジラ類の進化について重要な"手がかり"があるとされる。詳細は本文にて。イラスト：柳澤秀紀

マイアバラエナ
ミスタコドン

奇獣登場

漸新世の哺乳類として、忘れてはいけない古生物たちのグループがある。

その名は、「束柱類《そくちゅうるい》」。

カイギュウ類や長鼻類に近縁とされるグループで、横幅のある胴体とがっしりとした四肢、幅のある頭部という姿をしている。このグループの化石は日本、ロシアのカムチャツカ、アメリカやカナダの西海岸と北太平洋沿岸域で発見され、とりわけ、日本産の化石は保存状態が良くて高品質で知られている。その化石や全身復元骨格を展示している国内の博物館は少なくない。ぜひ、博物館訪問の折には、束柱類の展示を探してみてほしい。

グループの名前は、「海苔《のり》巻きのような」と形容される円柱が束になったような歯にちなんでいる。概して哺乳類の歯は、他の脊椎動物よりも複雑で、多様性に富む。歯さえみつかれば、種類を特定できるということも少なくない。しかし、束柱類のような歯は、束柱類固有のもので、現生種を含めて、他に似た歯をもつグループが存在しない。そのため、生態を推理することが難しい。束柱類が「謎の奇獣」と呼ばれるゆえんでもある。

【足寄町の世界を代表する化石】

北海道の十勝地域に「足寄町」という町がある。十勝地域の中核都市である帯広から車で1時間ほどの距離にある町で、日本の町村では最も広い面積をもち、その面積の大部分が山地という町だ。

この町から、初期の束柱類として世界を代表する2種類の化石が発見されている。

一つは、町名を冠した「アショロア（*Ashoroa*）」だ。

アショロアはすべての束柱類の中で最小級であり、その全長は1・8メートルほどしかない。歯をみると、〝円柱〟の発達が不十分だ。口先を見ると切歯が横一列に並んでいる。

もう一つの足寄町産初期束柱類が、「ベヘモトプス（*Behemotops*）」である。こちらは、アショロアよりも一回り以上大きくて、全長は2・7メー

アショロア。上は全身復元骨格。標本長約175cm。足寄動物化石博物館所蔵。Photo：オフィス ジオパレオント イラスト：柳澤秀紀

べへモトプス。上は全身復元骨格。標本長約290cm。足寄動物化石博物館所蔵。Photo：オフィス ジオパレオント　イラスト：柳澤秀紀

トル。基本的な姿はアショロアとよく似ているけれども、アショロアよりもがっしりとしていて、切歯も、その脇の犬歯も大きい。

２０１３年、岡山理科大学（当時の所属は大阪市立自然史博物館）の林昭次たちは、束柱類の骨の断面を分析した研究を発表した。

骨の断面構造は、泳ぎを得意とする水棲の哺乳類と、泳ぎを不得手とする陸棲の哺乳類では異なることが知られている。前者の骨の断面には空隙が多く、後者の骨の断面は

緻密だ。林たちが、実際にさまざまな束柱類の骨を裁断して調べたところ、アショロアもベヘモトプスも、その骨の断面は後者であったという。そのため、林たちは、アショロアもベヘモトプスも、「さほど高い遊泳能力をもっていなかった」としている。

一方で、化石が発見された地層の分析などから、束柱類が海に関係していた可能性は高い。そのため、林たちはアショロアとベヘモトプスの生息域は沿岸域にあったとした。

なお、足寄町には、束柱類の展示がとくに充実した「足寄動物化石博物館」という博物館があり、筆者のお気に入り&おすすめだ。本書に掲載している束柱類標本はすべて同館の展示物である。古生物ファンの方々には、ぜひとも訪問してみてほしい。

重量級登場

束柱類以外にも「現在は絶滅している哺乳類グループ」は多数存在し、その中のいくつかは、どっしり感のある重量級の種を擁していた。

【重い脚】

始新世から漸新世にかけて、エジプトやオマーンなどのアフリカの北部から中東までの広い地域に、どことなくサイの仲間に似た雰囲気の、しかし、サイとは明らかに違う哺乳類がいた。

その名を「**アルシノイテリウム**(*Arsinoitherium*)」という。

この名(属名)をもつ種は、「**アルシノイテリウム・チッテリ**(*Arsinoitherium zitteli*)」と「**アルシノイテリウム・ギガンテウム**(*Arsinoitherium giganteum*)」の2種類が報告されている。このうち、チッテリは始新世の種であり、良質な標本から3・5メートルという頭胴長が推測されている。ギガンテウムは漸新世の種で、頭胴長の推測には至っていないものの、チッテリを大きく上回る巨体であったとされている。

アルシノイテリウムは、「ツノのある重量級哺乳類」という点で、サイと似る。しかし、**サイのツノは毛の塊であり、アルシノイテリウムのツノの中には骨があるという点が大きなちがいだ。**しかも、アルシノイテリウムのツノは、根元で二股に分かれていて「V字」になっている。また、サイの足の指は前後に3本ずつであることに対し、アルシノイテリウムは前後に5本ずつあった。

アルシノイテリウムは、その名も「重脚類《じゅうきゃくるい》」と呼ばれる、どっしり感のある名前のグループの代表種である。重脚類はサイ(奇蹄類)に近縁ではなく、長鼻類に近縁とされる。なお、重脚類には他にもいくつかの種が報告されているものの、アルシノイテリウムほどの研究は進んでおらず、化石もない。どうも、ごく小規模なグループだったようだ。

アルシノイテリウムの全身復元骨格（上段）と復元画（下段）。ツノの付け根にご注目されたい。
Photo：アフロ
イラスト：柳澤秀紀

ピロテリウム。左は頭骨。鼻自体は化石に残っていないが、鼻孔の位置から、やや長かったとされることが多い。下は復元画。Photo：Beneski Museum of Natural History提供　イラスト：柳澤秀紀

【火の獣】

漸新世のアルゼンチンやボリビアに生息していた「ピロテリウム（*Pyrotherium*）」も〝どっしり感〟がある。

ピロテリウムの頭胴長は約3メートル。四肢は現生の長鼻類のようにがっしりと太い。85センチメートルにおよぶ長い頭骨をもち、口には上顎に2対、下顎に1対の（切歯が変化した）牙があった。頭骨にある鼻孔が高いことから、長鼻類のような鼻をもっていたとみられている。

長鼻類と共通点が多い（ように見える）ピロテリウムは、「火獣類《かじゅうるい》」の代表種だ。「火獣類」なんて、ファンタジー世界に登場しそうなネーミングだが、

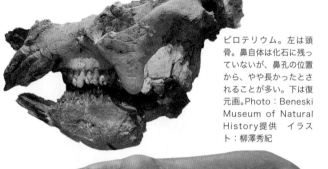

「火を吐く」といった〝その手の生態〟とは無縁だ。「火獣類」というグループ名は、ピロテリウムがそのままグループ名となった「Pyrotheria」の日本語訳であり、「Pyro」が「火」を、「theria」が「獣」を意味している(つまり、ほぼ直訳である)。そして、この場合の「Pyro(火)」は、ピロテリウムの化石が、火山灰の地層から発見されたことに由来する。

火獣類は複数種を擁し、始新世から漸新世にかけて栄えた。その生息域は、南アメリカ大陸に限定されており、アフリカ大陸に出現し、進化を重ねた長鼻類との祖先・子孫の関係はなく、近縁種でもない。

祖先・子孫の関係はなく、近縁種でもないにもかかわらず、火獣類には長鼻類と似たような特徴がある。こうした関係を「収斂《しゅうれん》進化」という。進化するにつれて、形態が似てきたことを指しており、多くの場合で、似た生態であったことが示唆される。

古き仲間の生き残り

「単孔類《たんこうるい》」という哺乳類のグループがある。カモノハシ(*Ornithorhynchus anatinus*)の仲間だ。その歴史は古く、中生代白亜紀にはすでに登場していた。哺乳類ながら卵で増えるという、なかなか原始的な特徴をもつ。

【"電気"を感じない(?)カモノハシ】

　カモノハシといえば、平たいクチバシだ。現生種の場合、このクチバシに多数の圧力感知センサーと電気信号感知センサーを備えている。この2種類のセンサーを駆使することで、現生のカモノハシは、濁った水中でも餌——水底に生息する甲殻類を捕捉し、捕獲し、捕食する。

　漸新世から中新世《ちゅうしんせい》、そして、その次の時代である鮮新世《せんしんせい》にかけてのオーストラリアの淡水域に、ある単孔類が生息していた。その単孔類は、全長90センチメートルと、現生種の1・5倍の体軀《たいく》をもち、一方で姿は現生のカモノハシとよく似てい

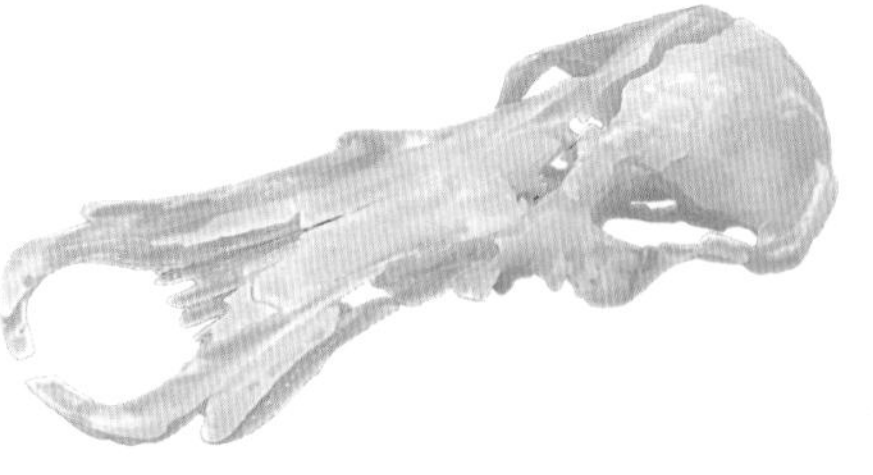

オブドゥロドンの頭骨（上段）と復元画（下段）。Photo：愛知学院大学 浅原正和提供　イラスト：柳澤秀紀

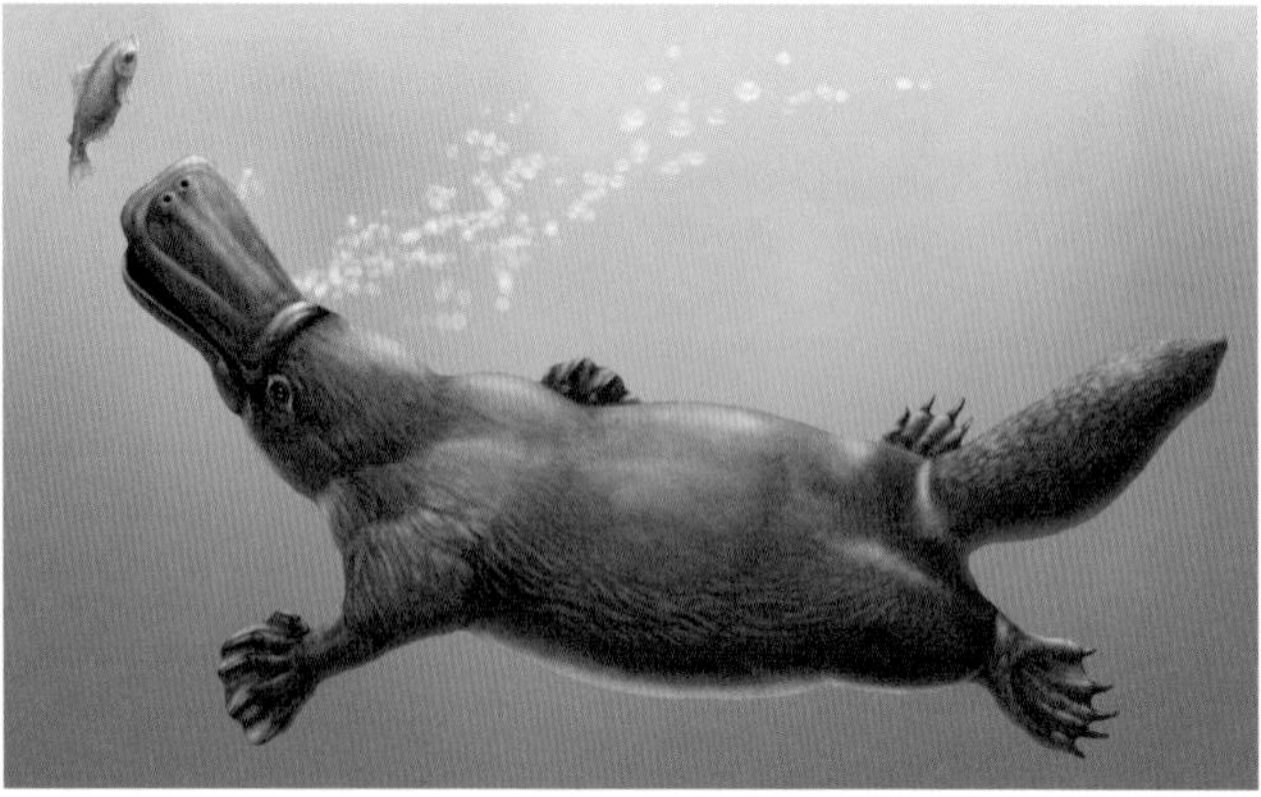

る。その名前を「**オブドゥロドン**(*Obdurodon*)」という。

オブドゥロドンは、カモノハシとよく似た姿をしているけれども、口の中に大きなちがいがある。現生のカモノハシは歯をもたないが、オブドゥロドンには左右4本ずつの臼歯があるのだ。

2016年に愛知学院大学(当時は三重大学)の浅原正和たちは、そんなオブドゥロドンの頭骨を詳細に分析した結果を発表している。浅原たちのこの研究によると、オブドゥロドンの臼歯は、現生種であればクチバシの電気信号感知センサーと脳をつなぐ神経が通る場所を〝圧迫〟しているという。すなわち、オブドゥロドンにおける電気信号感知センサーの神経系は、現生種ほど太くはなく、そのために**オブドゥロドンは「現生種ほどの電気信号感知能力をもっていなかった」**と浅原たちは指摘している。

現生種とは異なり、オブドゥロドンは電気信号に頼らない狩りをしていた可能性があるようだ。

そもそもオブドゥロドンはカモノハシよりも大きな体軀である。歯もある。カモノハシと異なる獲物を狙っていたことは想像に難くない。なお、浅原たちのこの研究については、2021年にみすず書房から上梓した拙著『機能獲得の進化史』において、浅原自身に筆者が取材した情報をもとに執筆している。ご興味をおもちの方は、ぜひ、同書をお手にとっていただきたい。

海鳥たち

【大型ペンギンの繁栄が続く】

暁新世以降、ペンギン類には大型種が登場し続けてきた。

漸新世のニュージーランドには、翼が細く、脚はがっしりとした「**カイルク（*Kairuku*）**」がいた。そのサイズは、暁新世のクミマヌ・フォルダイセイや始新世のイカディプテスにはおよばないものの、**それでもカイルクの体高は、約１３０センチメートル、体重60キログラム以上に達した。現生のコウテイペンギン並みのサイズである。**なかなかのサイズといってよいだろう。

カイルクの化石（上段）と骨格図（下段右）。下段左は、コウテイペンギンのもの。Photo：Daniel Thomas提供　イラスト：Simone Giovanardi

【ペンギンもどき】

暁新世に登場して以降、ペンギン類の版図は南半球だった。では、北半球においては、鳥類の海洋進出はなかったのだろうか？

実は、北半球でも鳥類は海へ進出していた。ただしそれは、ペンギン類によるものではなかった。**北半球で海洋進出を成し遂げた鳥類は、「ペンギンモドキ」と呼ばれる「プロトプテルム類」**である。

プロトプテルム類は、その通称が示すようにペンギン類に似ている。ただし、「似ている」とはいっても、プロトプテルム類の首は長く、翼は細くてパドル状にはなっておらず、どことなく「鵜《う》」のようだ。すなわち、ペンギン類はペンギン類でも、「最古のペンギン類」である暁新世のワイマヌに似ているのである。

細い翼でがっしりとした脚の「カイルク」。イラスト：柳澤秀紀

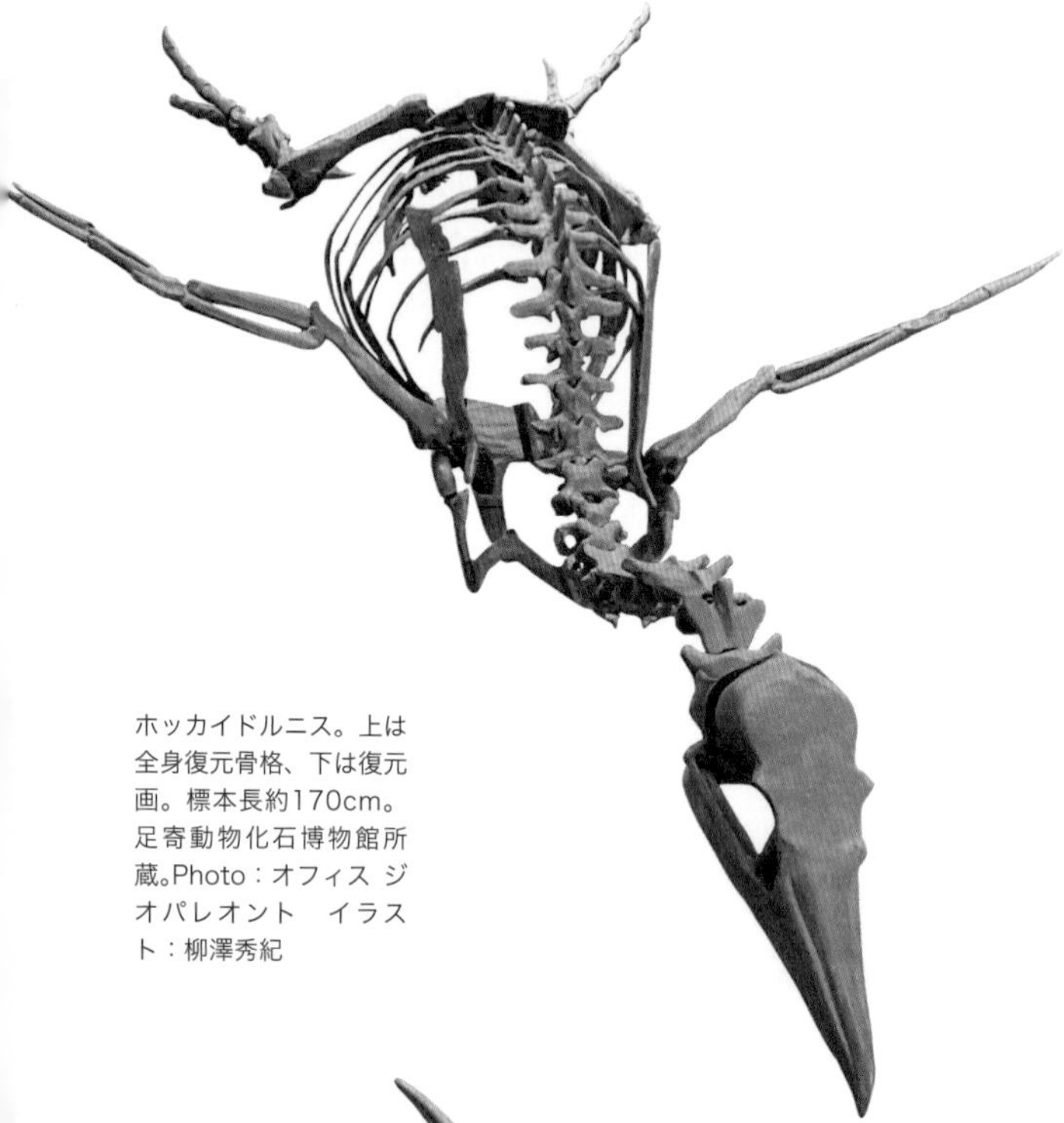

ホッカイドルニス。上は全身復元骨格、下は復元画。標本長約170cm。足寄動物化石博物館所蔵。Photo：オフィス ジオパレオント　イラスト：柳澤秀紀

北海道網走《あばしり》市に分布する漸新世の地層から化石が発見されている「**ホッカイドルニス**（*Hokkaidornis*）」を紹介しておこう。ホッカイドルニスは、プロトプテルム類の化石としては、最も多くの部位が発見されている。全身骨格の復元も行われており、足寄動物化石博物館で展示されている。その体高は、130センチメートル。大型ペンギンのカイルクとほぼ同等の大きさだ。

プロトプテルム類は始新世に出現し、漸新世に隆盛を極めた。しかし、南半球のペンギン類が現在まで命脈を残していることに対し、プロトプテルム類は漸新世の次の時代である中新世末までに姿を消していく。2014年に足寄動物化石博物館の安藤達郎とオタゴ大学（ニュージーランド）のR・イワン・フォーダイスが発表した論文では、プロトプテルム類の絶滅には、クジラ類の台頭と繁栄が関わっていた可能性が指摘されている。クジラ類がプロトプテルム類を襲ったというよりは、同じ獲物を狩るという「競争」に、プロトプテルム類が敗北したのではないか、というわけである。

史上最大級の鳥類

これまで本書で紹介した鳥類は、主に陸と海の種だった。もちろん、空の繁栄があったからこその多様化だ。

【"歯"のあるクチバシをもつ大型鳥類】

現生鳥類の口を見ると、そこに歯はない。クチバシになっている。鳥類における「歯」は、基本的には原始的な特徴とされる。例えば、中生代ジュラ紀のドイツに生息していた「**始祖鳥**（*Archaeopteryx*）」の口には歯が並んでいる。

ただし、けっして原始的とはいえない新生代の鳥類に、歯をもつグループが

あった。「骨質歯鳥類」である。

骨質歯鳥類は暁新世に登場し、第四紀更新世《こうしんせい》まで世界各地の空で栄えていた。基本的には、海鳥の仲間で、風貌も海鳥のそれと似ている。

骨質歯鳥類の「歯」は、**一般的な「歯」**という言葉から想像されるものではない。**骨質歯鳥類の〝歯〟は、「歯のような突起」**なのだ。クチバ

ペラゴルニス。「史上最大級」とされる鳥類の一つ。詳細は次ページで。
イラスト：柳澤秀紀

シと一体化した「歯のような突起」。それが、骨質歯鳥類の歯なのである。この突起は、サカナやイカなど、滑りやすい獲物を捕獲するときに役立ったとみられている。

そんな骨質歯鳥類の一種として、「**ペラゴルニス・サンデルシ**(*Pelagornis sandersi*)」を紹介しておこう。アメリカに分布する漸新世の地層から、その化石は発見されている。

ペラゴルニス・サンデルシは、複数種が報告されているペラゴルニス属の一つで、知られている限り、ペラゴルニス属の最大種である。ペラゴルニス・サンデルシを2014年に報告した国立進化合成センター(アメリカ)のダニエル・T・セプカによると、部分化石から推測されるその翼開長は、実に6・4メートルに達するという。現生鳥類で最大級といわれるコンドル(*Vultur gryphus*)の翼開長が3・2メートルほどとされているので、その2倍の大きさだ。**ペラゴルニス・サンデルシ**

ペラゴルニスの全身復元骨格。Photo：The Charleston Museum提供

は、すべての鳥類の中でも、最大級の種の一つとして知られている。

セプカは、2014年の論文でペラゴルニス・サンデルシの飛行能力についても検証し、優れた滑空性能があることを指摘した。現生のアホウドリ(*Phoebastria albatrus*)のように、風を上手に捕まえ、長時間・長距離の滑空ができたという。

鳥類が地球の制空権をその手中に収めてから2400万年と少し。かつて中生代の空で競合した翼竜《よくりゅう》類《るい》と同じように、鳥類もまた大型種を擁するまでになっていたのである。

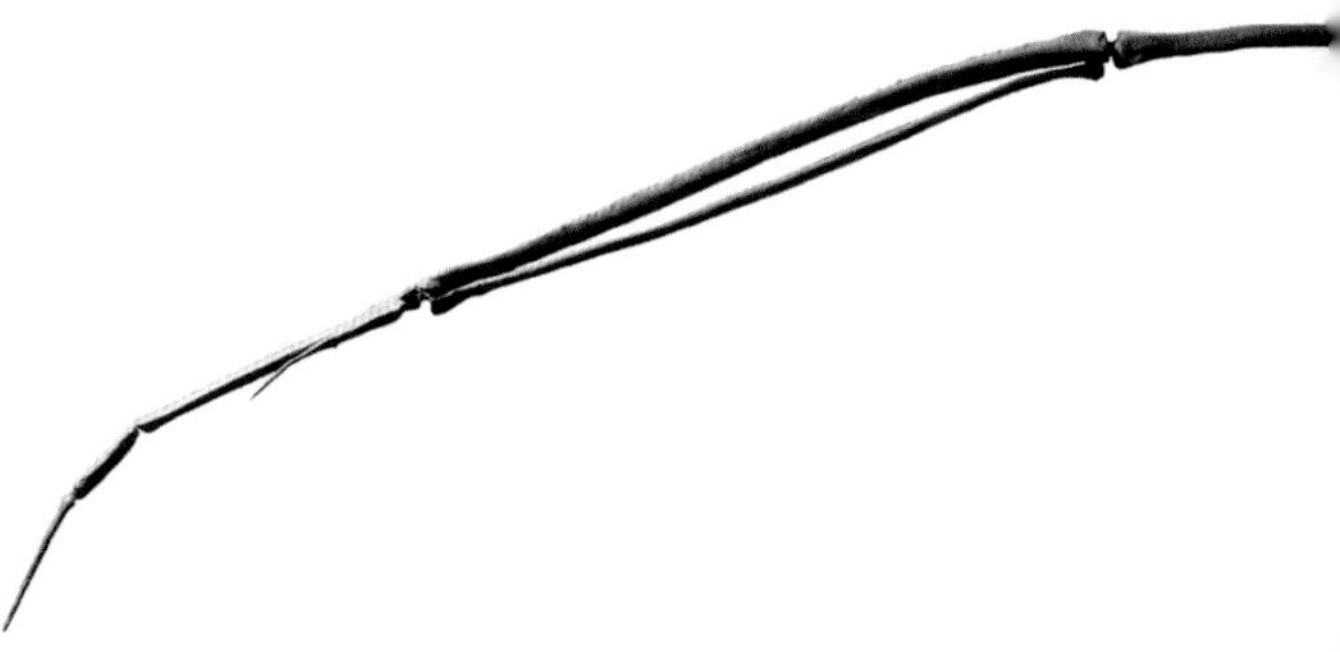

コラム：いっきに進んだ哺乳類の爆発的多様化

約6600万年前——中生代白亜紀末に発生した大量絶滅事件。この事件を乗り越えた哺乳類のグループは、「単孔類」「多丘歯類」「真獣類」「後獣類」だけだった。中生代には他にも哺乳類のグループが生息していたが、この4グループだけが、新生代に命脈を保つ。ただし、このうちの「多丘歯類」は、ほどなく滅ぶ。

白亜紀末の大量絶滅事件は、哺乳類にも大打撃を与えた。しかし、とくに真獣類が、大量絶滅事件後に急速に多様化していくことになる。

真獣類は、「有胎盤類」ともいわれる。第1章で紹介した「翼手類」や「齧歯類」をはじめとする各グループは、有胎盤類に属している。

白亜紀末までは「真獣類(有胎盤類)」と一括りにせざるを得なかった〝小さな分類群〟の中に、突如として多くのグループが出現したのだ。

知られている限りの化石記録をみると、どうやらこの爆発的な多様化は、暁新世が始まってからわずか数十万年以内に起きていたようだ。

もっとも、化石が発見されていないだけ、あるいは、既知の化石に「分類できる明瞭な特徴」が確認されていないだけで、真獣類の多様化は白亜紀にはかなり進行していたという指摘もある。

白亜紀末の大量絶滅事件を挟む哺乳類の進化と多様化は、今なお大きな謎に満ちており、今後の研究の展開が注目されるところだ。一つ、確実にいえることは、暁新世(あるいはその前)の爆発的な多様化があったからこそ、今日の私たちにつながる〝道〟が生まれたのである。

第2章 Time To Get Cold

冷えていく時代

——新第三紀

第1節　人類の出現――中新世

約2303万年前から、「新第三紀」が始まった。

この時代は、約533万年前を境として、古い「中新世」と新しい「鮮新世」の二つの「世」で構成されている(受験記憶術的には、「中ばに至った地球が、鮮やかさを増していく」というわけである)。

新第三紀は、古第三紀漸新世から続く寒冷な時代である。スコテーゼたちの2021年の論文によれば、中新世の半ばにあった「MMTM(the Middle Miocene Thermal Maximum)」と呼ばれる一時的な温暖期をすぎると、寒冷化の傾向が強くなる。200万年ほど続いたMMTMでは、平均気温が18・5℃に達していた。その後、中新世末までに地球の平均気温は、16℃前後にまで冷え込んでいく。**MMTMののちの地球では、極地方に常に氷床が存在するようになった。**

中生代から続く大陸の分裂は、古第三紀のうちに決定的なものとなっていたが、一方で、インド亜大陸とアジア大陸の〝完全な融合〟が中新世に確立した(古第三紀のうちに、インド亜大陸の〝一部〟は、アジア大陸と融合し始めていた)。この融合によって、今日の地球で「世界の屋根」と呼ばれるヒマラヤ山脈の隆起が本格化し、そして、ヒマラヤ山脈の誕生が地理を変え、気流を変え、さまざまな影響を世界に与えるようになった。アフリカ大陸とヨーロッパ大陸の接近にともなって、中東地域が〝閉鎖〟され、「テチス海」と呼ばれていた海が、黒海や地中海などの内海へと変化していった。ユーラシア方面の地理は、ほぼ現代的なものとなっていた。一方で、アメリカ方面に関しては、南北のアメリカ大陸は離れたままだ。

現在の私たちが知る世界地図の〝完成〟まで、あと半歩といったところだ。

駆け始めるウマたち

始新世に登場したウマ類の〝始祖〟は、「ウマ」というよりは「マメジカ」を彷彿とさせる姿であり、草原ではなく森林で暮らし、草ではなく葉を食《は》んでいた。

漸新世を経て中新世になると、寒冷化とそれにともなう乾燥化によって世界では草原域が拡大。遮るものがほとんどないその舞台で、ウマ類はいっきに進化を進め、〝ウマらしく〟なる。

【草を食べ始めたウマ】

中新世が始まってさほど時間が経過していなかった頃の北アメリカ大陸に登場したウマ類に、「メリキップス（*Merychippus*）」がいた。

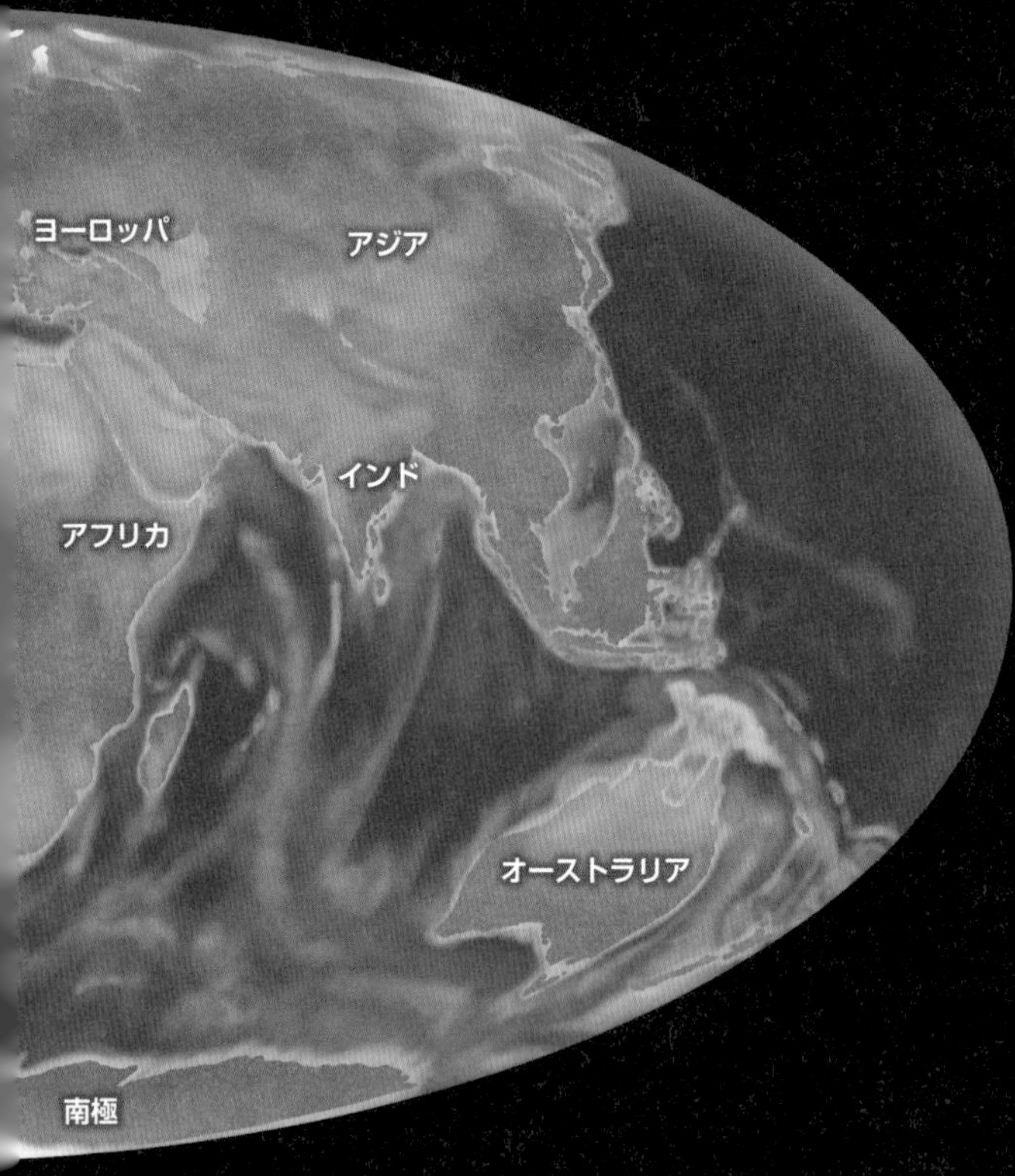
ヨーロッパ
アジア
インド
アフリカ
オーストラリア
南極

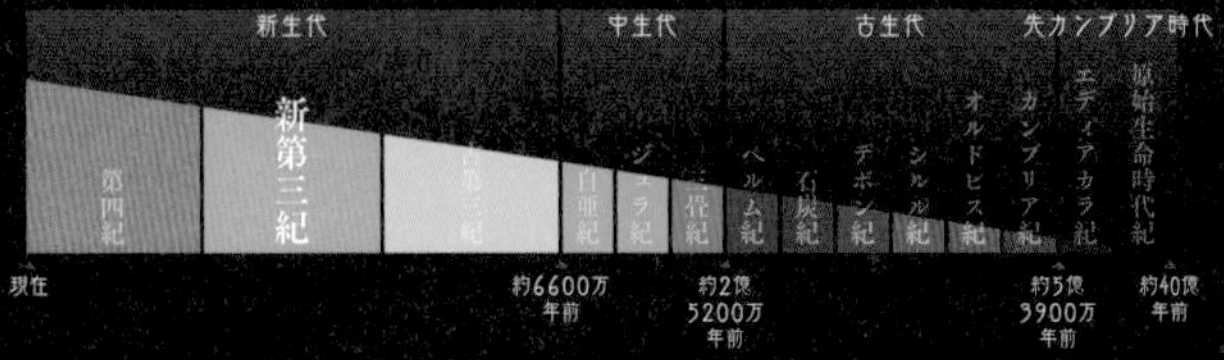
新生代
中生代
古生代
先カンブリア時代
第四紀
新第三紀
古第三紀
白亜紀
ジュラ紀
三畳紀
ペルム紀
石炭紀
デボン紀
シルル紀
オルドビス紀
カンブリア紀
エディアカラ紀
原始生命時代紀
現在
約6600万年前
約2億5200万年前
約5億3900万年前
約40億年前

新第三紀中新世の地球。ついに、ほぼ現代と同じになった……が、よく見るとまだ南北のアメリカ大陸はつながっておらず、アフリカとユーラシアも分裂している。

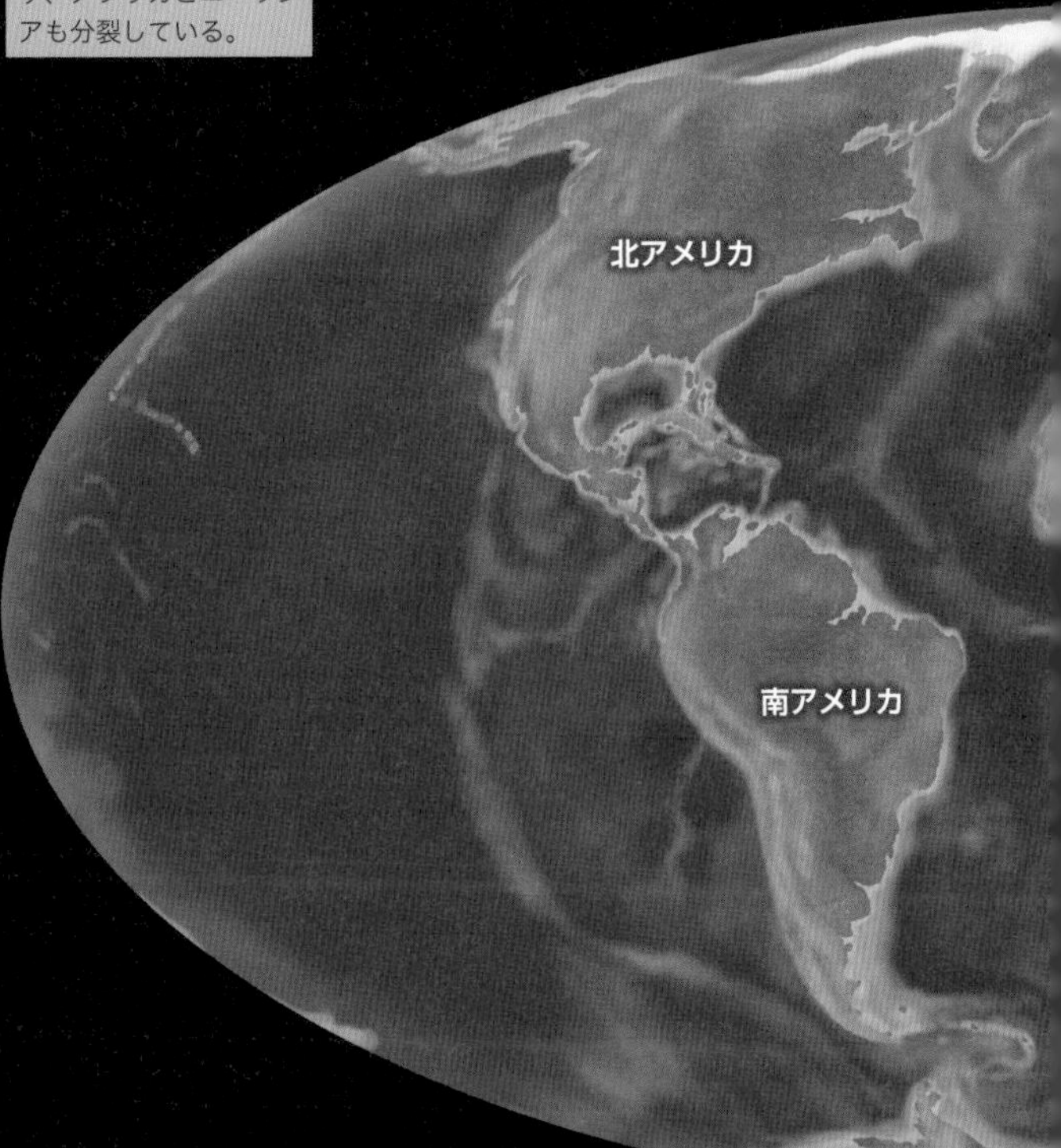

地図は、Ronald Blakey(Northern Arizona University)の古地理図を参考に作成。
イラスト：柳澤秀紀

メリキップスの肩高は90センチメートルほど。始新世にいたメソヒップスの1・5倍となっている。現在の私たちが「ウマ」と聞いて想像するサイズにはまだ遠いけれども、ウマ類が確実に大型化の道を進んでいたことがわかる。

そのサイズを除けば、メリキップスとメソヒップスの姿はさほど変わらない。足に注目すると、その指は前後に3本ずつあるという点はメソヒップスと同じだ。

ちがいは、「歯」に現れた。メリキップスの**歯はメソヒップスよりも高くなり（上下に長くなり）、多少すり減っても、使用し続けることができるようになった。**

これにより、「草」を食べることができるようになったとみられている。

メリキップスの全身復元骨格。少しわかりにくいが、足の指は前後とも3本ずつある。Photo：アフロ

ヒッパリオンの頭骨。ギリシア産。
標本長37.5cm。Photo：アフロ

そもそも、いわゆる「草」とは、「イネ科の植物」を指す。イネ科の植物は「プラントオパール」と呼ばれる生体鉱物をもち、それ故に硬い。これを噛むためには、〝特別な歯〟が必要だ。ウマ類は「多少すり減っても、使用し続けることができる歯」を獲得したことで、草原を餌場として活用することができるようになったのである。

【真のウマ】

中新世の半ばに登場し、メリキップスの〝一歩先〟として位置付けられ、そして、1000万年を超える〝長寿〟を誇る。そんなウマ類が、「**ヒッパリオン**（*Hipparion*）」である。その分布域は、北アメリカ大陸だけではなく、アジアやアフリカにも広がっていた。

ヒッパリオンの肩高は1・5メートルほど。メリキップスの1・5倍強である。このサイズまでくれば、「ウマ」らしいといえるだろう。**足の指は、相変わらず前後3本ずつあるけれども、左右の指は細く短くなっており、接地しない。中央の指(中指)の先端はがっしりとしていて、蹄らしくなっている。**『新版　絶滅哺乳類図鑑』の中で、著者の冨田幸光はヒッパリオンを「中新世に多様化した真の草食性ウマ類の代表のひとつ」と書いている。

【ウマ類進化の最終段階】

メリキップスとほぼ同時期に登場し、北アメリカで栄えたウマ類の名前を、「**プリオヒップス**(*Pliohippus*)」という。

プリオヒップスこそは、これまで見てきたウマ類の進化において、「最終段階」と位置付けられているウマ類だ。サイズはヒッパリオンとさほど変わらないものの、その見た目は、ほぼ現生のウマ類のそれにまで進化していた。

プリオヒップスの全身復元骨格。足の指が1本しかない。馬の博物館所蔵。Photo：オフィス ジオパレオント

メリキップスの復元画。以下３種類の足の指の本数に注目されたい。

ヒッパリオンの復元画。

プリオヒップスの復元画。

イラスト：柳澤秀紀

なにしろ、**プリオヒップスの足の指は、1本しかない**。そして、その1本指の先端は蹄となっている。ウマ類はプリオヒップスの〝段階〟に至り、「最も長い指だけで、開けた空間を高速で走り回り、そして草を食べる」という〝完全なウマ類〟となったのである。

プリオヒップスは、メリキップスほどの〝長寿〟ではないし、メリキップスほどの分布域もない。しかし、プリオヒップスを祖先として誕生したウマ類は実に多様だった。**現生の唯一のウマ類である「エクウス(*Equus*)」も、そうした〝プリオヒップスの子孫〟の一つだ。**

【鉤爪をもつ奇蹄類】

ウマ類は、より大きな分類群として、「奇蹄類」に属している。

そして、**中新世に栄えた奇蹄類の一グループ**に「**カリコテリウム類**」があった。このグループは、**奇蹄類でありながらも「蹄」はもたず、かわりに鉤爪《かぎづめ》を発達させていた。**

このグループの代表的な存在の一つに、「**モロプス(*Moropus*)**」がいた。

モロプスは中新世初頭の北アメリカに出現し、中新世の半ばに姿を消した。肩高は1・8メートル。後ろ脚よりも前脚が長く、前足には3本の大きな鉤爪が並んでいる。この大きな鉤爪は、樹木の枝葉を寄せることに役立ったのではないか、とされる。頭部は、同じ奇蹄類であるウマ類によく似ていて、首から先を見る限りは、「なるほど、ウマに近縁ね」とわかる。ただし、あくまでも頭部が似ているだけだ。

【ウマに似た、ウマではないもの】

「ウマ類に似ている」といえば、モロプスとほぼ同時期のアルゼンチンやチリ、ボリビアなどに、ウマ類に似た肩高50センチメートルほどの「**トアテリウム**(*Thoatherium*)」がいた。始新世にいた初期のウマ類とほぼ同サイズだ。

モロプス。肩高約1.8mの全身復元骨格。右ページは復元画。Photo：福井県立恐竜博物館提供
イラスト：柳澤秀紀

トアテリウム。ウマを彷彿とさせるかもしれないが、別のグループに属する。
イラスト：柳澤秀紀

　トアテリウムは、前後に長い頭部（いわゆる「馬面」に近い頭部）をもち、四肢は長く、指は1本だけで、先端は蹄となっている。一般的に「ウマだ」と言われれば、「ウマだろう」と思う〝要素〟が揃《そろ》っているといってよい。

　ただし、**トアテリウムは奇蹄類のメンバーではない**。「**滑距《かっきょ》類《るい》**」という別の哺乳類グループだ。**北アメリカを中心に奇蹄類が進化を重ねていたとき、南アメリカでも滑距類が似たような進化の道を辿《たど》り、ウマとよく似たトアテリウムが登場するに至った**のである。

　異なる分類群であっても、**進化によって形態が似てくる**。「**収斂進化**」である。

多様化を進める食肉類

　始新世に本格的な多様化を開始した食肉類は、イヌ型類とネコ型類に分かれて進化を重ねていた。このうちイヌ型類のイヌ類には、漸新世になって「開けた場所を走り回る」という〝決定的な種〟が登場した。また、イヌ型類には、〝クマ類への兆し〟もみえた。現生のイヌ類、クマ類へつながる道筋は、古第三紀が終わるまでに確立していた。

中新世で注目すべき食肉類は、ネコ型類だ。

ネコ型類では、ネコ類以外のグループが、主に森林域で進化を重ねていた。始新世に登場したホプロフォネウスは、現生ネコ類によく似ているけれども、ネコ類ではない。あくまでも、ネコ型類の別グループだった。

【台頭する〝真のサーベルタイガー〟】

ネコ型類において、「ネコ類ではないグループ」が衰退し、「ネコ類」が台頭を開始した時期が、中新世である。**新進気鋭のネコ類において旗振り役を担ったのは、アフリカ、ユーラシア、北アメリカと広大な分布域をもち、複数種を擁した「マカイロドゥス（*Machairodus*）」の仲間たちだ。**

マカイロドゥス属は、種によって多少のサイズ差はあるものの、基本的には〝トップ・プレデター級〟の体格の持ち主である。肩高は1〜1・2メートルに達し、頭胴長は2メートルを超えた種もあったようだ。「ライオンサイズ」と形容されることもあり、実際に、ライオン然とした姿で復元されることもある。ただし、どちらかといえば、からだつきは、ライオン（*Panthera leo*）よりもトラ(*Panthera tigris*)に似ていて、より筋肉質だった。

マカイロドゥスの犬歯は平たくて長い。ナイフのようである。これは、当時のネコ類によくみられる特徴の一つ。衰退した「ネコ類ではないグループ」とは異なり、マカイロドゥスは〝正真正銘のネコ類〟なので、同じネコ類のトラにちなんで「サーベルタイガー」と呼んでも差し障りはないだろう。正しくは、「サーベルタイガーの一つ」と書くべきか。ちなみに、日本語でこそ「サーベルタイガー」と表記するけれども、英語では「Saber Toothed Cats」なので、より〝ネコ類感〟は強い。

サーベルタイガーの犬歯は、獲物を失血死させるために用いられたとみるのが主流だ。何しろ平たくて薄いので、硬い骨を砕くことには向

いていない。動き回る獲物に刺すことも、刺し続けることも難しい。ネコ類である彼らにとって、最大の武器は長い犬歯ではなく、「ネコパンチ」だったとみられている。

2016年、中国科学院のタオ・デンたちは、マカイロドゥス属の一種である「マカイロドゥス・ホリビリス（*Machairodus horribilis*）」の頭骨に注目し、下顎を70度ほどしか開くことができなかったことから、獲物のサイズが限定的だった可能性に言及している。仮に、サーベルタイガーの犬歯の主たる利用方法が「喉の血管を切る」ということであれば、それなりに大きく口を開かなければならない。70度ほどしか開かないのであれば、自分よりも大きなサイズの動物を獲物とすることは難しいといえよう。

マカイロドゥス。右ページ下は頭骨（レプリカ）。標本長36cm。Photo：オフィス ジオパレオント
イラスト：アフロ

【食肉類の水棲種】

中新世になって、クマ類に近縁なイヌ型類のグループとして、水棲適応を遂げたものが現れた。そのグループの〝先陣〟をきった存在が、「プイジラ（*Puijila*）」だ。カタカナ表記としては、「ペウユラ」と書くこともある。

プイジラの化石はカナダに分布する中新世初頭の地層から発見されている。見た目は、現生のカワウソの仲間に近く、四肢は短くて、手先には水かきがあり、長い尾を有する。全長は1メートルほどだ。半水半陸の生態で、湿潤で涼しい気候の沿岸域に暮らしていたとみられている。

そんなプイジラに前後する形でアメリカに生息していたイヌ型類が、「エナリアルクトス（*Enaliarctos*）」である。

エナリアルクトスは、初期の「鰭脚類《ききゃくるい》」であり、プ

プイジラの全身復元骨格（上）と復元画（下）。Photo：Canadian Museum of Nature提供
イラスト：アフロ

イジラの〝一歩先〟の存在である。プイジラは鰭脚類に最も近いイヌ型類であり、鰭脚類そのものではない。一方、エナリアルクトスは、鰭脚類そのものだった。

鰭脚類とは、アシカ、アザラシ、セイウチの仲間たちだ。エナリアルクトスの見た目は、まさにアシカの仲間にそっくりといえる。四肢は水かきではなく、鰭脚《ひれあし》だった。

アシカの仲間にそっくりなエナリアルクトスだけれども、実際のところ、アシカの仲間の一員なのか、アザラシの仲間の一員なのか、セイウチの仲間の一員なのかは、よくわかっていない。なにしろ鰭脚類のこの3グループは、いずれも「アシカの仲間のような姿の祖先」から進化したと考えられているのだ。エナリアルクトスは、この3グループが分化する前の存在だった可能性も指摘されている。

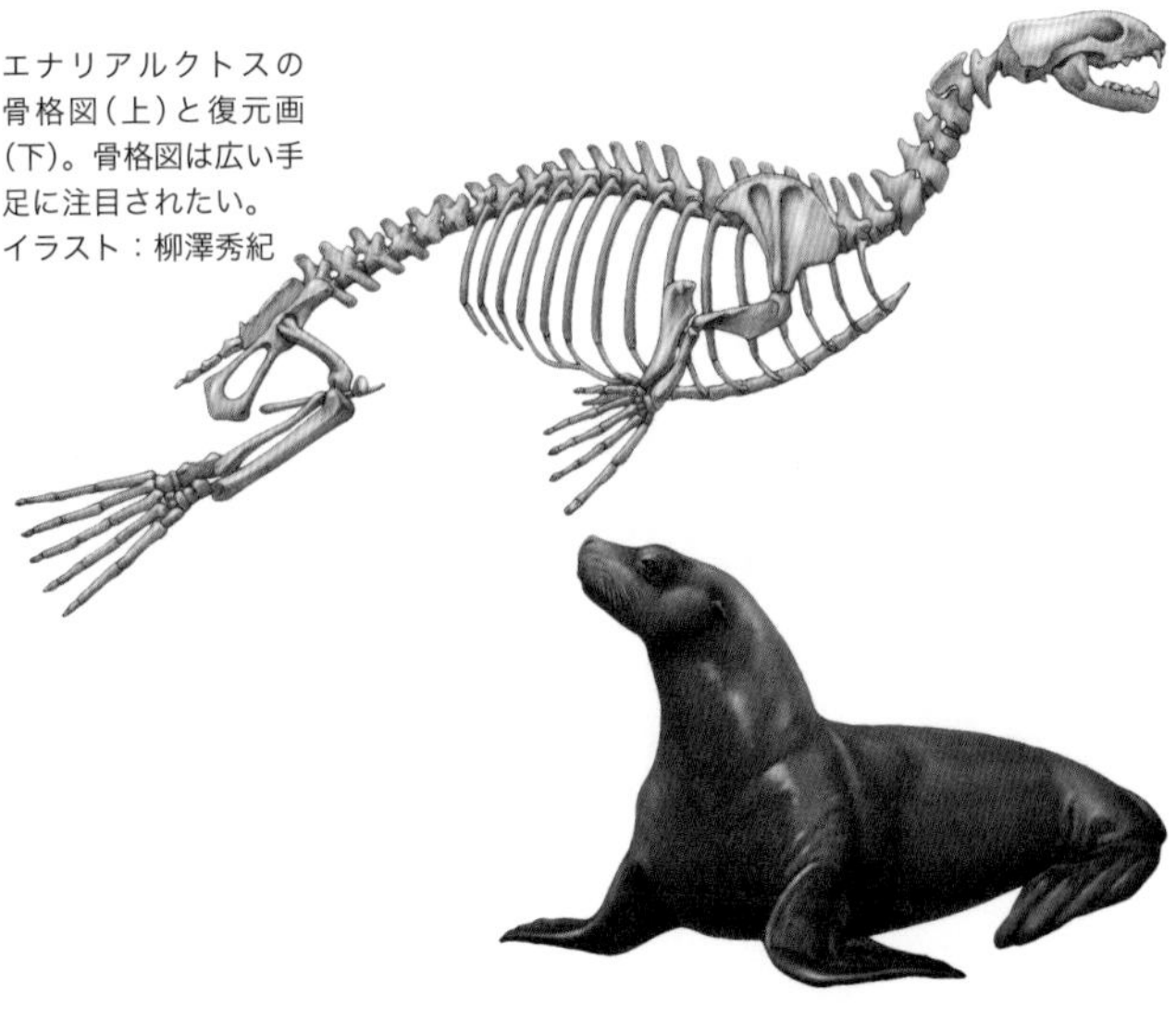

エナリアルクトスの骨格図（上）と復元画（下）。骨格図は広い手足に注目されたい。
イラスト：柳澤秀紀

【もう一つの鰭脚類】

現生の鰭脚類は、「アシカの仲間」「セイウチの仲間」「アザラシの仲間」だけだ。しかし、鰭脚類には、中新世に登場し、中新世に滅んだという〝短命のグループ〟がいた。そのグループの名前を「デスマトフォカ類」という。

デスマトフォカ類の代表格は、「**アロデスムス**（*Allodesmus*）」。その化石は、アメリカやメキシコ、そして、日本から発見されている。

アロデスムスの全長は2・2メートルほど。前脚ががっしりと発達していることが特徴だ。この前脚を使うことで、他の鰭脚類よりも遠洋まで泳ぐことができたのではないか、とみられている。

なぜ、鰭脚類4グループの中で、デスマトフォカ類だけが滅んだのかは、よくわかっていない。

アロデスムスの復元画(上)と全身復元骨格(下)。全身復元骨格は、国立科学博物館所蔵。Photo：アフロ　イラスト：柳澤秀紀

そして、ゾウ類

現生のゾウ類は、「長鼻類」というより大きなグループ中の一グループであり、そして、長鼻類の唯一の生き残りのグループでもある。現生の長鼻類はゾウ類しかいないけれども、かつては複数のグループが長鼻類を構成し、そして、進化を重ねていた。

長鼻類の歴史は古く、本書でも暁新世のフォスファテリウム、始新世のモエリテリウム、フィオミアを紹介してきた。この3種類の長鼻類はいずれも「ゾウ類ではない長鼻類」であり、そして、「初期の長鼻類」でもある。3種類の中で最も進化的なフィオミアは、肩高1〜1・5メートルで、やや長い鼻をもっていた(とみられている)。こうした進化は、アフリカで紡がれていた。

【シャベルのような牙と反り返った牙】

長鼻類は、中新世になってアフリカだけではなく、ヨーロッパやアジア、アメリカなどにも生息域を広げるようになった。

そんな〝出アフリカ〟を成し遂げた長鼻類の一つが、「プラティベロドン(*Platybelodon*)」だ。その化石は、中国、アメリカ、ロシアなどで発見されている。

プラティベロドンも、「ゾウ類ではない長鼻類」である。**プラティベロドンの最大の特徴は、下顎の牙だ。平たくなり、左右で接して一枚の板のようになっている。まるで「シャベル」のような形状になっているのだ。**『新版　絶滅哺乳類図鑑』では、「これを使って、沼沢地性の植物を根こそぎ掘り起こして食べていた」としている。

上顎からは〝普通の牙〟がまっすぐ伸びている。頭骨における鼻孔の位置は、口先からかなり遠いため、フィオミアと同等の長さかそれよりもやや長い鼻をもっていたとみられている。

肩高は2メートルに達した。ここまで大きくなれば、アジアゾウ（*Elephas*

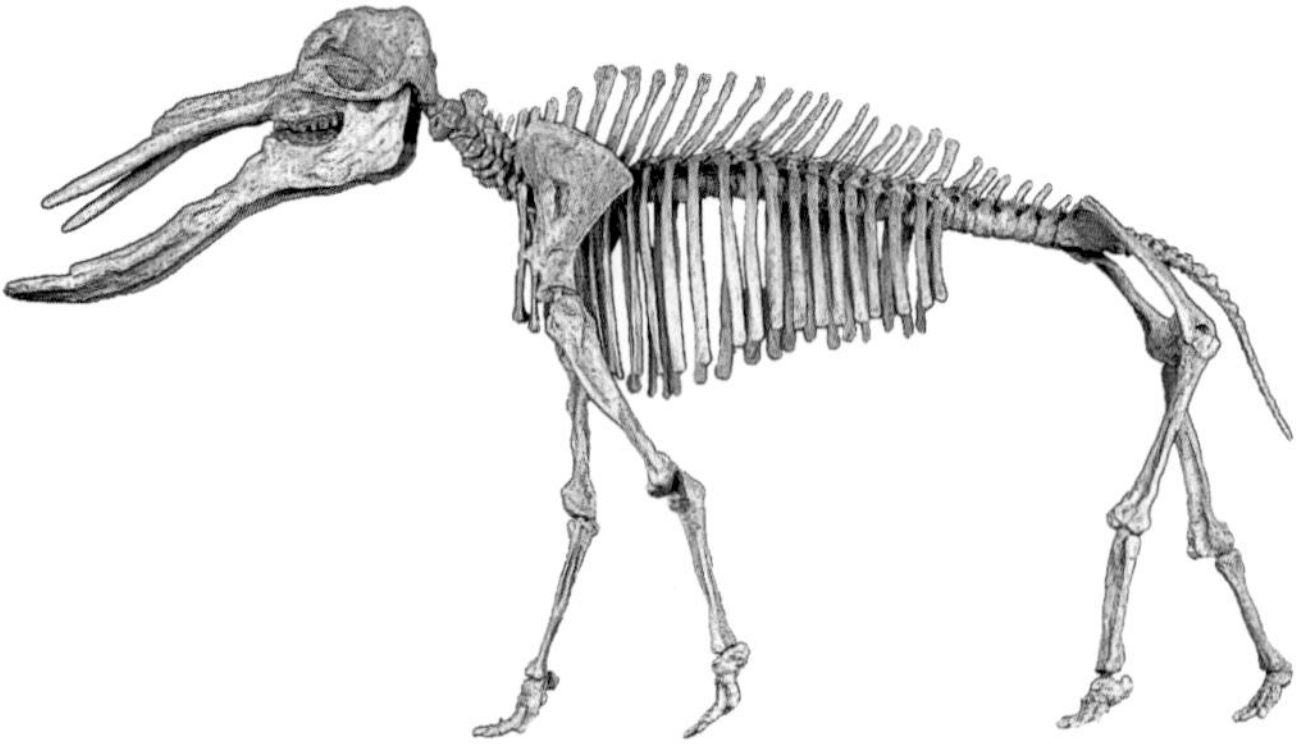

プラティベロドンの全身復元骨格（左ページ）と復元画（右ページ）。全身復元骨格の下顎の牙に注目されたい。Photo：福井県立恐竜博物館提供　イラスト：柳澤秀紀

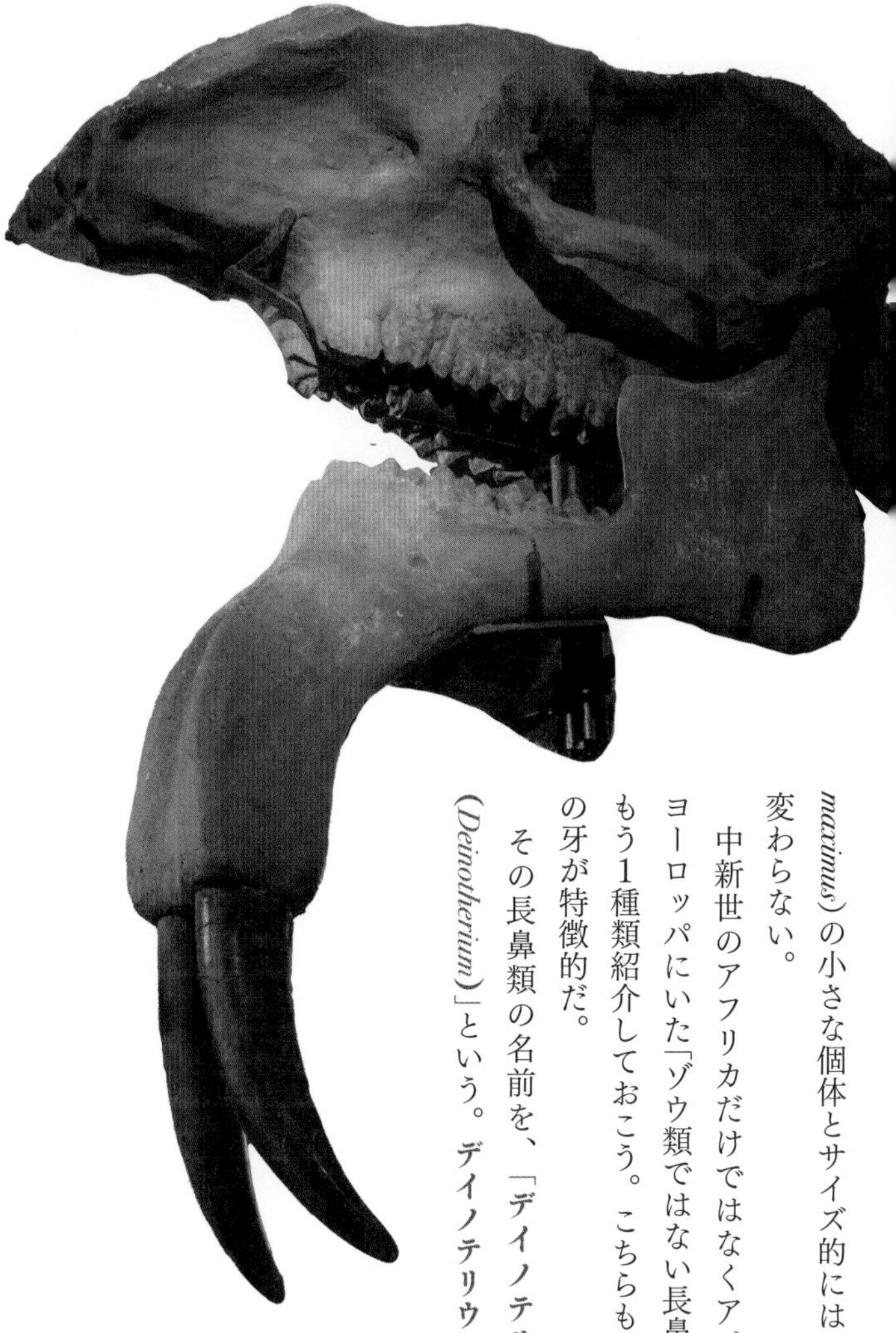

デイノテリウムの頭骨化石。
下顎の牙に注目されたい。
Photo：アフロ

maximus）の小さな個体とサイズ的にはさほど変わらない。

中新世のアフリカだけではなくアジアやヨーロッパにいた「ゾウ類ではない長鼻類」をもう1種類紹介しておこう。こちらも、下顎の牙が特徴的だ。

その長鼻類の名前を、「**デイノテリウム**（*Deinotherium*）」という。**デイノテリウムの下**

デイノテリウムの復元画。イラスト：柳澤秀紀

顎の牙は、下方に向かってぐるりと反り返り、先端は斜め後方に向いている。『新版　絶滅哺乳類図鑑』では、この牙を使って樹木の皮を剝がしていた可能性に言及している。皮を剝がして、そして、食べるのだ。

デイノテリウムの肩高は、実に4メートルに達した。プラティベロドンの2倍であり、現生のアフリカゾウ(*Loxodonta africana*)の肩高をかなり上回る巨体である。そんな巨体でありながらも、首が短いため、口が地面まで届かない。そのため、デイノテリウムには、現生のゾウ類と同じような「長い鼻」があったとみられている。

【日本へやってきた長鼻類】

ゾウ類に近縁とされる長鼻類の一つに、「ステゴドン類」がいた。多数の種を擁する「ステゴドン

（*Stegodon*）」属に代表されるこのグループは、中新世末から第四紀にかけてアジアで大繁栄を遂げる。

本書では、いくつかのステゴドンを紹介していこう。

まずは、中新世の中国に出現した「**ステゴドン・ツダンスキー**（*Stegodon zdanskyi*）」だ。肩高3・8メートルの長鼻類で、見た目はゾウ類とよく似ているけれども、ゾウ類の臼歯を上から見ると洗濯板のように凹凸が並んでいることに対し、ステゴドン類の臼歯は厚い板が並んだように見える。また、ステゴドン類の牙は上顎のみで発達し、ほぼまっすぐに伸びる。

ステゴドン・ツダンスキーは「ツダンスキーゾウ」とも呼ばれる。かつて「コウガゾウ」と呼ばれていたステゴドンも、現在ではツダンスキーゾウに含まれている。

ツダンスキーゾウは、中新世末か、あるいは、次の時代である鮮新世の初頭になって、日本へとやってきた。当時、すでに日本列島は大陸から分かれつつあったが、それでも一部は地続きで、ツダンスキーゾウはそうした〝地峡〟を通って、〝来日〟したとみられている。宮城県仙台市の地層から臼歯の化石が発見されている。

ツダンスキーゾウは、その後、日本におけるステゴドン属の〝進化の起点〟となったと考えられている。その名とともに、「3・8メートル」というサイズもあわせてご記憶いただきたい。

ステゴドン・ツダンスキーの全身復元骨格。Photo：滋賀県立琵琶湖博物館提供

ステゴドン・ツダンスキー。日本におけるステゴドン属の進化は、本種から始まった。イラスト：柳澤秀紀

【最も原始的なゾウ類】

そして、中新世の半ばをすぎたころ、アフリカに「ステゴテトラベロドン(*Stegotetrabelodon*)」が現れた。

ステゴテトラベロドンは、肩高3〜3・5メートル。まさに"ゾウサイズ"の長鼻類だ。そして、「最も原始的なゾウ類」の一つでもある。ここに至って、長鼻類に現生種と同じグループが出現したのだ。

もっとも、ステゴテトラベロドンと現生のゾウ類は、その面構えがかなり異なる。現生のゾウ類は上顎の2本の牙が弧を描

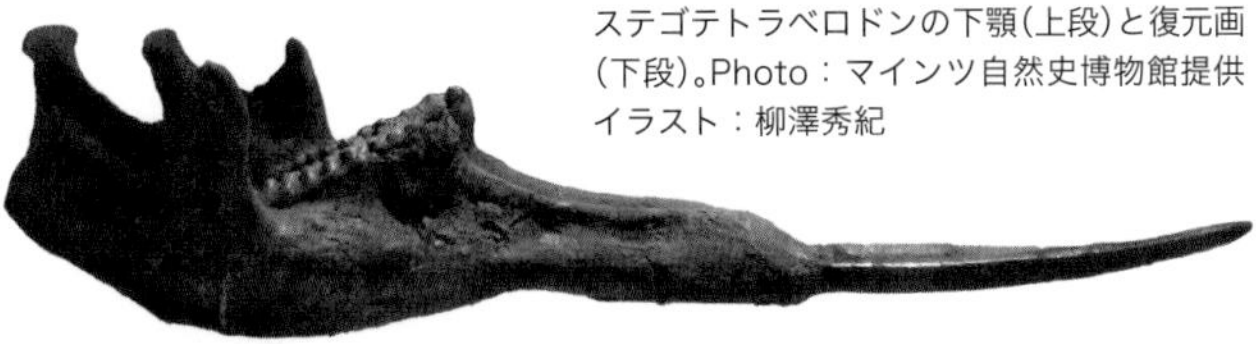

ステゴテトラベロドンの下顎(上段)と復元画(下段)。Photo：マインツ自然史博物館提供　イラスト：柳澤秀紀

きながら長く伸びている。しかしステゴテトラベロドンは、現生のゾウ類と異なって上下に4本の長い牙をもち、上顎の牙はほぼまっすぐに前方へ伸び、下顎の牙もほぼまっすぐに前方へ伸びていた。

そんなステゴテトラベロドンを先陣として、多くのゾウ類が現れ、世界に生息域を広げていくことになる。

奇獣、再び

日本、ロシアのカムチャツカ、アメリカやカナダの西海岸と北太平洋沿岸域で化石が発見され、その標本の良質さで知られ、「日本を代表する古生物グループ」ともされる「束柱類」。このグループ名は円柱が束になったような歯をもつことにちなむ。その歯は、「海苔巻きが束になったような」とも表現されるけれども、漸新世に登場した初期の束柱類の歯は〝海苔巻き感〟が弱かった。また、本書でこれまでに紹介した2種類の日本の束柱類――アショロアとベヘモトプスは、沿岸域に暮らしていたものの、アショロアもベヘモトプスも、さほど泳ぎが上手ではなかったとされる。

【太古の謎たち】

中新世の日本にいた束柱類として、2種類を紹介しておきたい。

一つは、「パレオパラドキシア(*Paleoparadoxia*)」だ。全長3メートル、がっしりとした骨格、横に並んだ門歯と鋭い犬歯が特徴だ。全体的な見た目はベヘモトプスと似ているけれども、横から見たときの吻部の先端は、パレオパラドキシアの方が鋭角的である。その化石は日本だけではなく、アメリカとメキシコからも発見されている。とくに日本の岐阜県、埼玉県、福島県、山形県からは、全身の化石が発見されていることで知られている。

2013年に林たちが発表した論文では、アショロア、ベヘモトプスと同じように、パレオパラドキシアもさほど高い遊泳能力をもっていなかったことが示唆されている。一方で、2016年に安藤と藤

パレオパラドキシア。遊泳能力は高くなくても、水棲だったのかもしれない。詳細は本文に。イラスト：柳澤秀紀

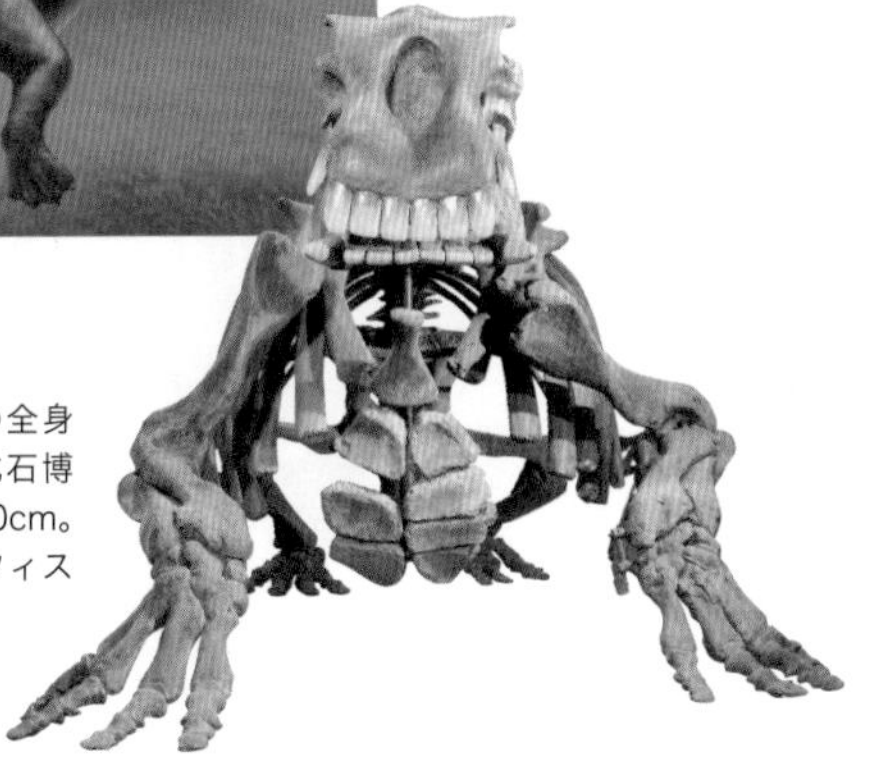

パレオパラドキシアの全身復元骨格。足寄動物化石博物館所蔵。標本長約300cm。Photo：安友康博/オフィスジオパレオント

原が発表した論文では、パレオパラドキシアは、完全な水棲だった可能性が指摘されている。

どことなく矛盾しているような解析結果の行先は、今後の研究次第といったところだろう。もともと、「*Paleoparadoxia*」という名前自体、「太古の(*Paleo*)」「矛盾(*paradoxia*)」にちなんだもので、1959年に命名されて以来、「謎」はこの動物の宿命のようなものだ。

しかし、前述の通り全身骨格の化石が既に発見されており、近年になって岐阜県で追加の発見もあった。矛盾と謎が解ける日もそう遠くないのかもしれない。

もう一つの束柱類の名前を「デスモスチルス(*Desmostylus*)」という。全長は2・5メートルとパレオパラドキシアよりも小柄だ。アショロア、ベヘモトプスのような横に並んだ門歯はもたな

デスモスチルス。成体は高い遊泳能力をもっていた？　詳細は本文に。下の全身復元骨格は、足寄動物化石博物館所蔵。標本長約280cm。Photo：オフィス ジオパレオント　イラスト：アフロ

い。束柱類というグループにおいて、「最も特殊化し、最も良い代表」とされる存在であり、「海苔巻きが束になったような臼歯」は、まさにデスモスチルスの臼歯のことである。化石は、日本の他に、ロシアのカムチャツカ、アメリカ、カナダなどの太平洋沿岸地域で発見されている。

2013年の林たちの論文では、デスモスチルスの幼体は、アショロア、ベヘモトプス、パレオパラドキシアと同じような遊泳能力だったことが示唆されたものの、成体となると遊泳能力が向上し、遠洋まで行くことができたことが示唆されている。一方で、2016年の安藤と藤原の論文では、完全な陸棲だった可能性も否定されていない。

こちらもまた、「太古の謎」たる存在といえるだろう。「日本を代表する古生物」で、「日本で良質な化石がみつかる」こともあり、日本発の情報で、世界を驚かすような情報が出てくるかもしれない。日本の古生物ファンならば、今後も注目と啓蒙《けいもう》をしておきたい動物たちである。

そして、そんな束柱類は、中新世末を待たずに姿を消した。その理由も謎に包まれている。

〝小さきもの〟が、大きくなる

【島で進化したハリネズミ】

いわゆる「ハリネズミ」は、いくつかの種で「ハリネズミ類」というグループをつくる。「ネズミ」

という言葉こそ入っているものの、実際にネズミの仲間が属する「齧歯類」には属さない。「ハリネズミ類」は、「無盲腸類《むもうちょうるい》」や「食虫類」と呼ばれるグループの一翼を担う存在である。

ハリネズミ類の歴史は暁新世に始まる。

基本的に、このグループの種は小型だ。例えば、その身に危険が迫るとくるりと丸くなることで知られる現生種、「ナミハリネズミ(*Erinaceus europaeus*)」の頭胴長は27センチメートルほどしかない。あなたの手のひら2つ分といったサイズである。

そんな小型種のグループに、かつて、大型種が存在したことがある。

イタリアの南東部、アドリア海に面した場所に、アドリア海に突き出るように存在する半島がある。「ガルガーノ半島」と呼ばれるこの場所は、現在ではあくまでも「半島」であり、イタリア半島と地続きだ。

しかし中新世当時のガルガーノは、イタリア半島とは隔離された「島」だった。ガルガーノは、「ガルガーノ半島」から「ガルガーノ島」、「ガルガーノ島」から「ガルガーノ半島」へと変遷した歴史をもつ。

ガルガーノが島となったとき、この島にはハリネズミ類が生息していた。そのサイズは、おそらく〝普通〟だったとみられている。

ガルガーノ島のハリネズミ類にとって幸運だったのは、この島には彼らを襲うような捕食者が存在していなかった、あるいは、極めて少数だった、もしくは、存在していたとしてもガルガーノが〝島化〟してほどなく滅んでいたことだ。

いずれにしろ、ガルガーノ島時代のこの地には、ハリネズミ類を襲うような捕食者がいなかったらしい。

その結果、大型化した……とみられるハリネズミ類が登場した。

「**デイノガレリックス**(*Deinogalerix*)」である。

デイノガレリックスは、シュッと伸びた細長い吻部とその先にある発達した切歯が特徴のハリネズミ類だ。「ハリネズミ類」ではあるけれども、とくに「針」は備えていなかったとみられている。そして、**デイノガレリックスの大きさは、実に頭胴長75センチメートルにおよび、頭部だけでも20センチメートルに達した**。シェットランド・シープドッグ(シェルティ)とほぼ同サイズである。

天敵不在の島で、彼らはのびのびと暮らしていたのかもしれ

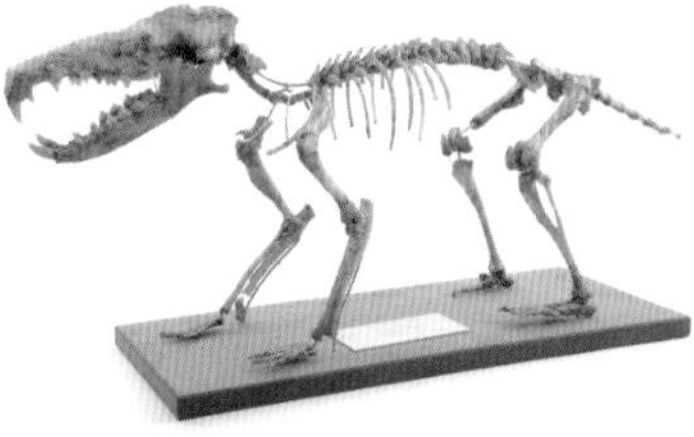

デイノガレリックスの全身復元骨格(右)と復元画(左)。こう見えても、「ハリネズミの仲間」。Photo：Naturalis Biodiversity Center, the Netherlands提供 イラスト：柳澤秀紀

ない。もっとも、「島の限界」というべきか、今のところ、ガルガーノ島時代にできた地層からはデイノガレリックスを上回るような大型ハリネズミ類の化石は発見されていない。

南半球にいた、さまざまな哺乳類

中新世の世界において南半球にある諸大陸——オーストラリア、アフリカ、南アメリカ、南極大陸のうち、アフリカこそ北半球の大陸と接続しかけていたものの、残りの3大陸は、他の大陸とは地続きではない独立した存在だった。

地理的な隔離が続く場所では、独自の進化を遂げるものが出現する。ここで南半球に現れた哺乳類をいくつか紹介しておこう。

【有袋類のサーベルタイガー？】

中新世から鮮新世にかけてのアルゼンチンに、頭胴長1メートルほどの有袋類がいた。「**ティラコスミルス**（*Thylacosmilus*）」と名付けられたその有袋類の見た目は、当時、北半球で勢力を広げていたマカイロドゥスとよく似ている。すなわち、いわゆる「サーベルタイガー」のように、長い犬歯をもち、しなやかなからだを備えた捕食者だった。ただし、**ティラコスミルス**は、あくま

ティラコスミルス。こう見えても、カンガルーやコアラの仲間。イラスト：柳澤秀紀

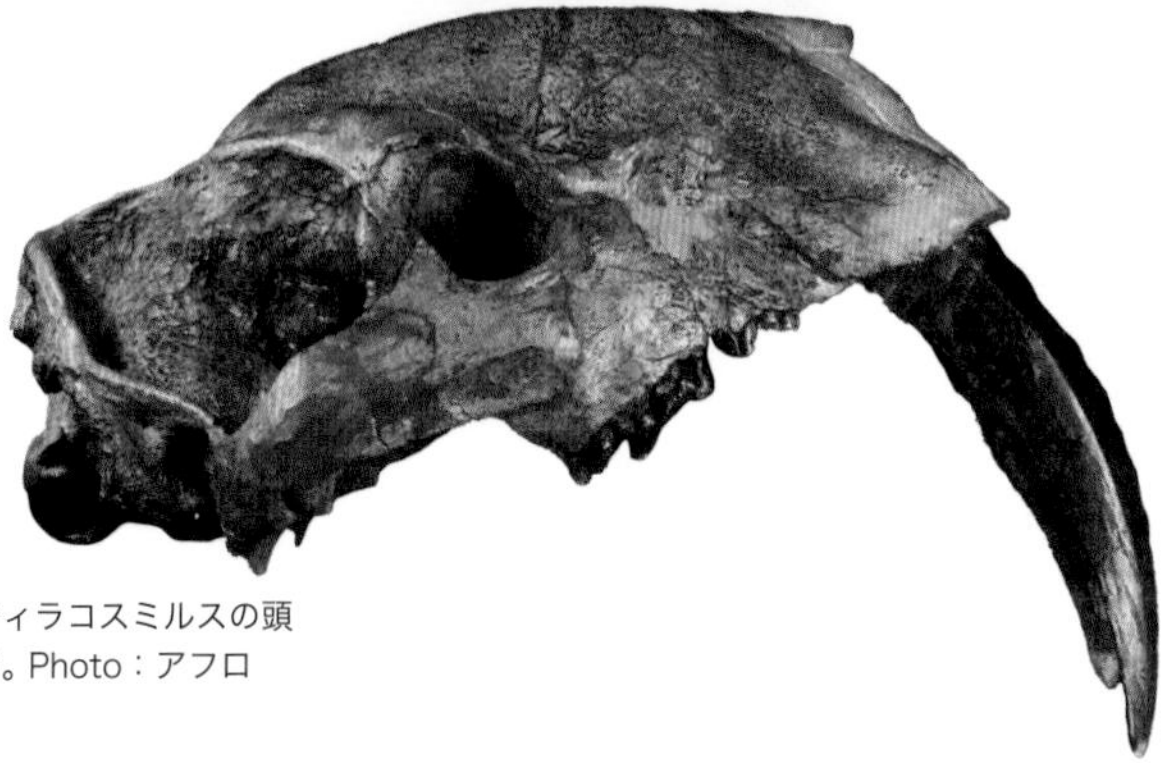

ティラコスミルスの頭骨。Photo：アフロ

でも「有袋類」、つまり、カンガルーの仲間やコアラの仲間に近縁な存在であり、マカイロドゥスたちが属する有胎盤類とは、祖先を異とする。

祖先は異なるけれども、進化によって似た姿となる「収斂進化」だ。収斂進化として似た姿となった種は、生態も似るとみられることが常だ。

しかし、ティラコスミルスについては、「姿は似ているけれども、生態は大きく異なるのではないか」という見解が発表されている。

2020年、ブリストル大学（イギリス）のクリスティン・M・ジャニスたちは、ティラコスミルスの頭部を詳細に分析し、〃食肉類のサーベルタイガー〟として知られるスミロドン(256ページで詳しく紹介する)の頭部と比較した研究を発表した。

ジャニスたちの分析によると、ティラコスミルスにはその長い犬歯を使って獲物を力強く切り裂く能力が欠けているという。言い換えれば、攻撃手段として使われていた可能性が低いというのだ。

もともと、〝食肉類のサーベルタイガー〟にとっても長い犬歯は、攻撃の主武器《メイン・ウエポン》ではなかったとの見方が有力である。それでも〝とどめの一撃用〟として使われていた可能性が高いとされている。

ジャニスたちの研究では、そうした可能性さえ低いことが示唆されている。さらにいえば、〝食肉類のサーベルタイガー〟が主たる攻撃手段として用いていた〝ネコパンチ〟も、ティラコスミルスは繰り出すことができなかったらしい。

こうした点を鑑みて、ジャニスたちは、ティラコスミルスが〝食肉類のサーベルタイガー〟と収斂進化の関係にあったことに疑問を呈している。ジャニスたちによれば、ティラコスミルスは、腐肉食専門だった可能性があるという。現在の地球で「腐肉食専門」である大型の哺乳類は知られていないけれども(いわゆる「ハイエナ」もしっかりと狩りをする)、そもそも有袋類の代謝率が低いことを鑑みれば、腐肉食専門でもやっていけたかもしれないと示唆している。

【有袋類のハイエナ？】

その生態は別として、ティラコスミルスを「有袋類のサーベルタイガー」と表現するならば、**「有袋類のハイエナ」ともいうべき存在が中新世のアルゼンチンやチリにいた。名前を「ボルヒエナ(*Borhyaena*)」という。**

ボルヒエナの名前(属名)をもつ種は複数報告されていて、典型的なサイズは頭胴長1メートルほどとされている。四肢が短く、手足は蹠行性で、その姿に敏捷《びんしょう》性を感じることは難しい。見た目は、ハイエナの仲間たちとはかなり異なる。ただし、上下の顎がよく発達し、力強い。そのため、ハイエナの仲間と同じように、獲物の肉を骨ごと砕いて食べるという生態だったのではないか、とみられている。

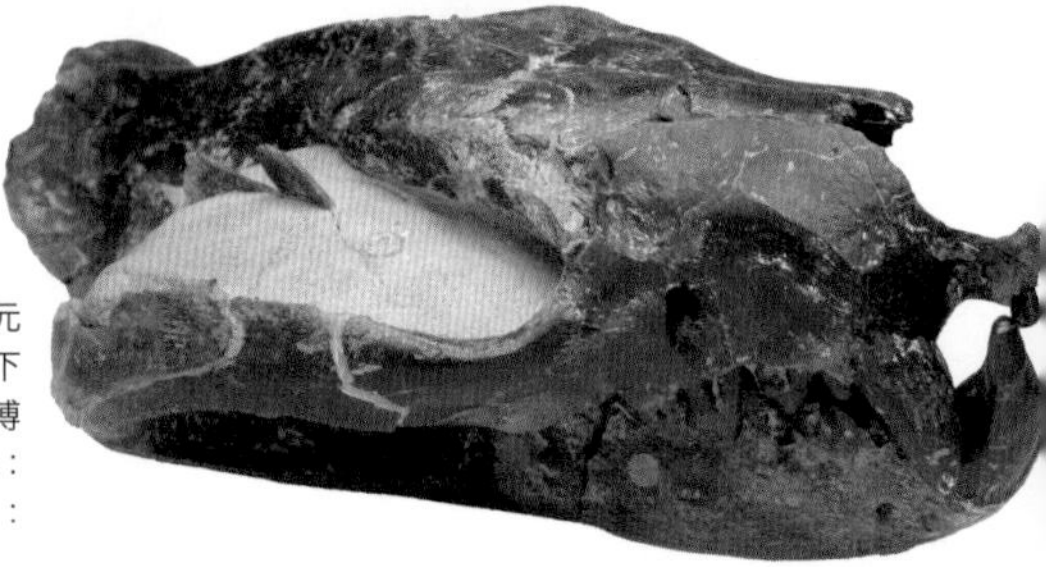

ボルヒエナ。復元画(上段)と頭骨(下段)。大英自然史博物館所蔵。Photo：アフロ　イラスト：柳澤秀紀

ティラコスミルスとボルヒエナは、ともに「砕歯類《さいしるい》」という有袋類の一グループに属している。同じ中新世の砕歯類ではあるが、ボルヒエナの方が古く、ティラコスミルスは新しい。

砕歯類は中新世の南アメリカにおいて、「大型肉食者」として君臨していた。ただし、それも、南北アメリカ大陸が分裂していた中新世だけの話だ。中新世の次の時代である鮮新世になるとパナマ地峡が成立し、南北アメリカ大陸における動物の交流が盛んになる。その結果、南進してきた大型食肉類との競合を余儀なくされ、砕歯類はこれに破れて滅んでいく。現在では、砕歯類は完全に姿を消し、その子孫は南アメリカだけではなく、世界のどこにも生息していない。

【南アメリカ最大級】

まるでサイのようにずっしりとがっしりした姿で、サイと比べるとわずかに短足、その指先には蹄があり、蹠行性。そして、サイのようなツノをもたないという姿をした哺乳類に、「**トクソドン**（*Toxodon*）」がいた。トクソドンは、中新世の終盤のアルゼンチンに出現し、その後、約1万年前まで〝命脈〟を保ち、分布域もブラジルやウルグアイ、ボリビアへと広げた。

トクソドンは中新世の南アメリカにおいては最重量級の哺乳類とされ、頭胴長は約3メートル、そして、ウルグアイ共和国大学のリチャード・A・ファリーニャたちが2014年に発表した研究によれば、その体重は、1・4トンに達したとされている。この値は、まさしく現生のク

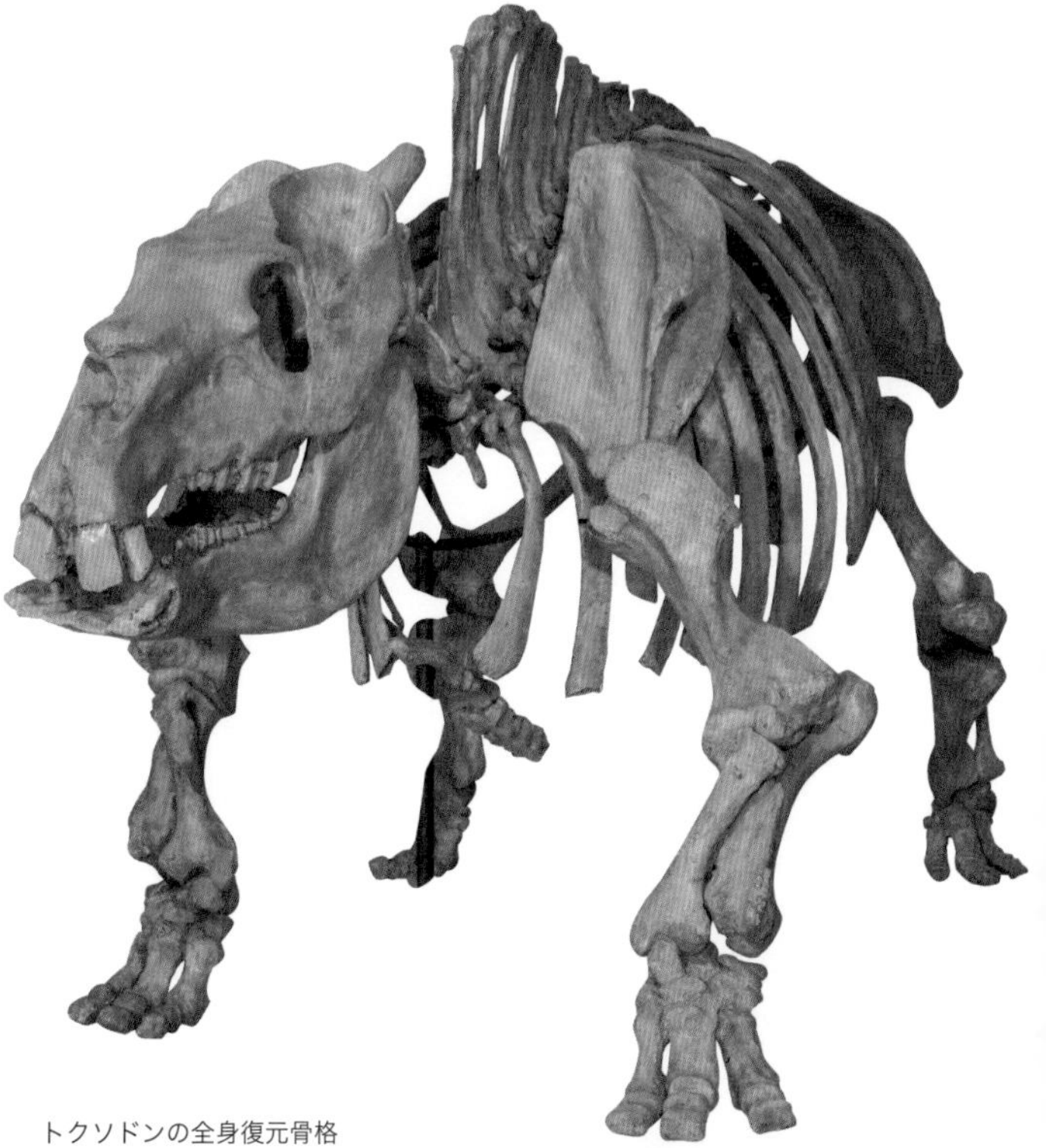

トクソドンの全身復元骨格（上段）と復元画（下段）。全身復元骨格は、徳島県立博物館所蔵。Photo：安友康博/オフィス ジオパレオント　イラスト：柳澤秀紀

ロサイ(*Diceros bicornis*)の大きな個体とほぼ同等だ。

また、2019年にサン・カルロス連邦大学(ブラジル)のタイス・ラビト・パンサニたちがブラジル産で植物食性の大型哺乳類の化石を化学分析したところ、いくつかの種が特定の植物を好んでいたことに対し、トクソドンは地域によって対象植物を変えていたことが示唆された。あまり選り好みをしない動物だったのかもしれない。

トクソドンは、かつて南アメリカで隆盛を誇った「南蹄類《なんているい》」と呼ばれるグループに属し、その代表でもある。


【南アメリカの〝長い鼻〟】


「長い鼻」といえば、長鼻類の専売特許のように思えるかもしれないが、長鼻類とは無縁のものたちにも、「長い鼻だっただろう」とされている哺乳類がいくつかいる。

一つは、漸新世に登場し、中新世の半ばに滅んだ「**アストラポテリウム**(*Astrapotherium*)」だ。頭胴長は2・7メートル。上顎の犬歯はゾウの牙のように前に向かって伸びる。

アストラポテリウムの頭骨付近(上)と復元画。頭骨は、Museo Paleontológico Egidio Feruglio所蔵。高い鼻孔に注目されたい。Photo：アフロ　イラスト：柳澤秀紀

吻部の短い頭部は、現生のバクの仲間に似ているとされ、故に、バクのような(ゾウのような、ではない)鼻をもっていたとみられている。「輝《き》獣類《じゅうるい》」という絶滅グループに属している。

もう一つは、「**マクラウケニア**(*Macrauchenia*)」だ。ウマのような姿をしているが、頭骨をみると鼻孔の位置が高いため、おそらく長い鼻をもっていたとみられている。肩高は1・5メートル。中新世終盤に登場し、〝つい最近〟(更新世

末)までその命脈を保っていた。グループとしては「滑距類」に属している。ご記憶だろうか。「ウマに似た」として紹介したトアテリウムと同じグループだ。

マクラウケニアの全身復元骨格(右ページ)と復元画(左ページ)。全身復元骨格は、大英自然史博物館所蔵。Photo：アフロ イラスト：柳澤秀紀

【泳ぐナマケモノ】

中新世の南アメリカの太平洋沿岸には、頭胴長1・4メートルほどのナマケモノ類、「**タラッソクヌス**

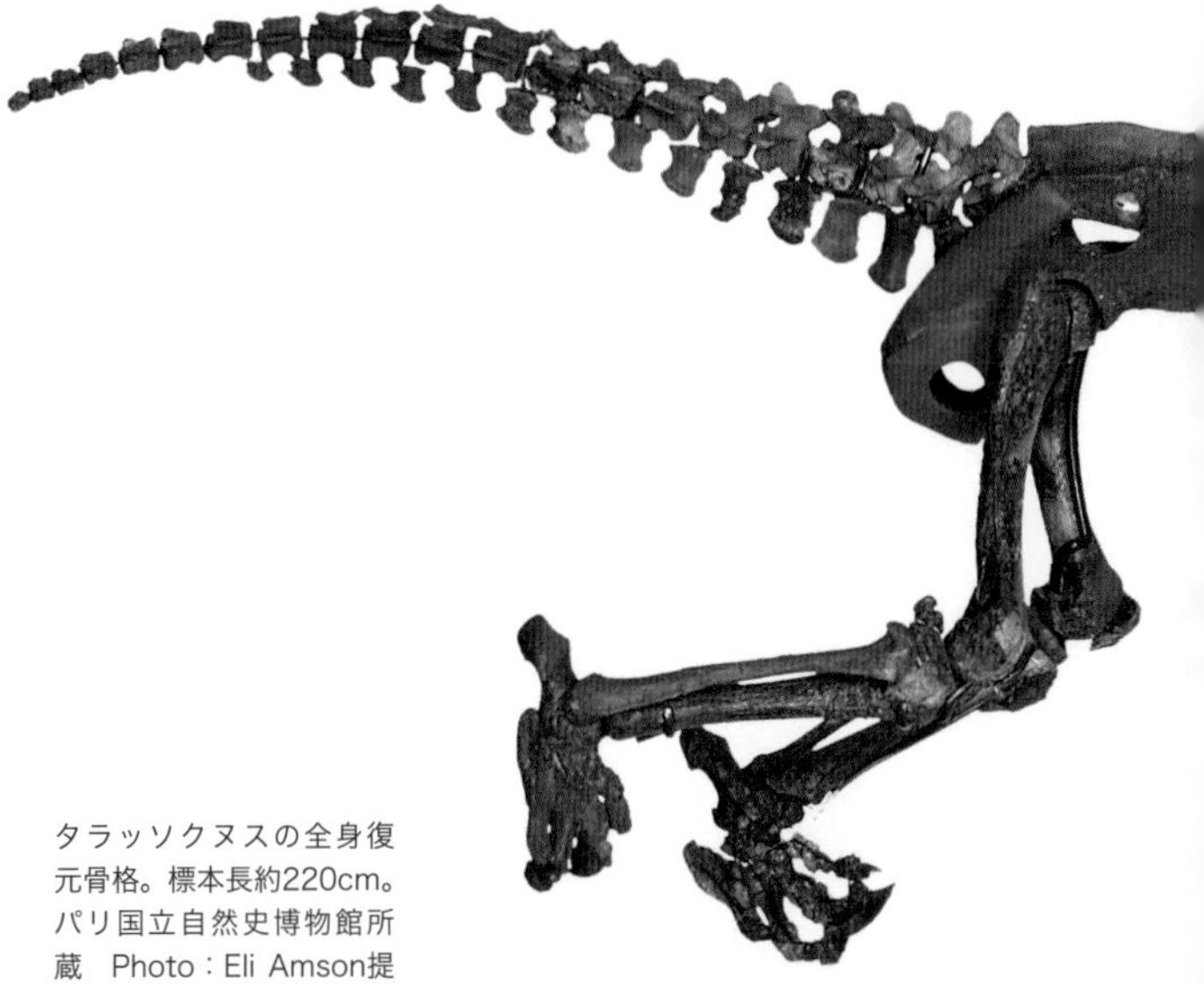

タラッソクヌスの全身復元骨格。標本長約220cm。パリ国立自然史博物館所蔵 Photo：Eli Amson提供 撮影:Philippe Loubry

（*Thalassocnus*）」が生息していた。

ナマケモノといえば、日中のほとんどを樹木にぶら下がって過ごすイメージが強いのではなかろうか。

タラッソクヌスの生態は、こうした〝現代のナマケモノのイメージ〟と少しちがっていたかもしれない。

……「樹木にぶら下がって過ごす」ということ自体が否定されていたわけではないが、海底を歩くように泳いでいた可能性が指摘されている。タラッソクヌスは太くて長い尾を備えており、この尾でバランスを取りながら、潜水していたという。そして、頑丈な前足を使い、海草の根を掘り起こして食べていたとされる。

タラッソクヌスの復元画。
イラスト：柳澤秀紀

【肉食性カンガルー】

南半球の大陸は、もちろん、南アメリカだけではない。中新世当時、既にオーストラリアは孤高の大陸となっており、有袋類の世界が確立していた。

有袋類といえば、今も昔も、その代表格は、カンガルーの仲間だろう。よく知られるアカカンガルー(*Macropus rufus*)の頭胴長は1・6メートルほどで、長い後ろ脚で跳ねながら移動する。

中新世のオーストラリアには、頭胴長こそアカカンガルーとさほど変わらないものの、からだのつくりががっしりとした「**エカルタデタ**(*Ekaltadeta*)」がいた。

エカルタデタは、多くの仲間たちと異なり、鋭い歯を備えていた肉食性だったのだ。葉や草を食べる植物食の現生種たちとの大きなちがいだ。あなたがもしも中新世のオーストラリアにタイムスリップしても、カンガルーにはうかつに近寄らない方がよいかもしれない(現生種でも、野生種はそれなりに危険なはずだろうけれども)。

エカルタデタの復元画。肉食性のカンガルー。イラスト：柳澤秀紀

少し"変わった"マッコウクジラ

クジラ類の歴史は、始新世に始まり、漸新世にヒゲクジラ類の登場という一大ハイライトを迎えた。一方、クジラ類のもう一つのグループである「ハクジラ類」に関しても、その最古の種は漸新世に登場し、そして、中新世には「頂点捕食者《トッププレデター》級」ともいえる大型種が出現するに至っている。

【上顎にも歯のあるマッコウクジラ】

現生の大型ハクジラ類といえば、マッコウクジラ（*Physeter macrocephalus*）だろう。全長は20メートル近くになり、大きな頭部をトレードマークとし、サカナやイカなどを食べる。その口を見ると、下顎には歯があるけれども、上顎には歯がないという特徴がある。

現生のマッコウクジラほどではないにしろ、マッコウクジラに迫る大型のハクジラ類の化石が、ペルーに分布する中新世の地層から発見されている。

そのハクジラ類の頭骨は、長さが3メートル、幅は1・9メートルに及ぶ。推測される全長は、17・5メートルに達する。

リヴィアタンの頭骨。「上顎にも大きな歯が並ぶ」特徴のあるマッコウクジラ。ロッテルダム自然史博物館所蔵。Photo：アフロ

マッコウクジラに近縁とされ、同じ「マッコウクジラ類」というグループに分類されたこのハクジラ類には、「**リヴィアタン**（***Livyatan***）」という名前が与えられた。神話の世界で「地獄の海軍提督」ともいわれる海の怪物、「リヴァイアサン」にちなむ名前だ。

リヴィアタンは、ある意味で、マッコウクジラよりも〝恐ろしい存在〟だったかもしれない。**リヴィアタンの口を見ると、マッコウクジラにはない「上顎の歯」が並んでいる。しかも、その歯は最大で30センチメートルを超える大きなものだった。厚みもある。丈夫なつくりの顎とあわせて鑑みれば、リヴィアタンが獰猛《どうもう》な肉食性だったことを窺い知ることができる。ヒゲクジラ類のような大型の海棲哺乳類も獲物だった可能性が指摘されている。**

ちなみに、なぜ、「リヴァイアサン」という〝直接的な名前〟ではなく、「リヴィアタン」という名前になっているかといえば……実は、ベルギー王立自然科学研究所のオリヴィエ・ランベールた

巨大サメを襲うリヴィアタン。このような光景が、中新世の海で展開していたのかもしれない。
イラスト：柳澤秀紀

ちがこのマッコウクジラ類を2010年に報告したとき、「リヴァイアサン（*Leviathan*）」と名付けていた。

しかし、「*Leviathan*」はすでに別の大型哺乳類に使われていることが判明し、ランベールたちはすぐに「*Livyatan*」に変更する旨を発表した。ちなみに、意味するところは同じ海の怪物にちなむものの、「*Leviathan*」はラテン語をもとにしており、「*Livyatan*」はヘブライ語をもとにしている。

さて、「上顎の歯のあるマッコウクジラ類」は、南太平洋の東部海域だけにいたわけではない。リヴィアタンにわずかに先行する形で、実は北西部海域にも生息していた。その化石は、日本で発見されている。

そのマッコウクジラ類の名前は「**ブリグモフィセター**（***Brygmophyseter***）」。「カミツキマッコウ」の通称で知られる。カミツキマッコウの全長は5メートルほど。リヴィアタンや、現生のマッコウクジラと比べるとかなり小型だ。……もっとも、「5メートル」というサイズは実はなかなかの巨体

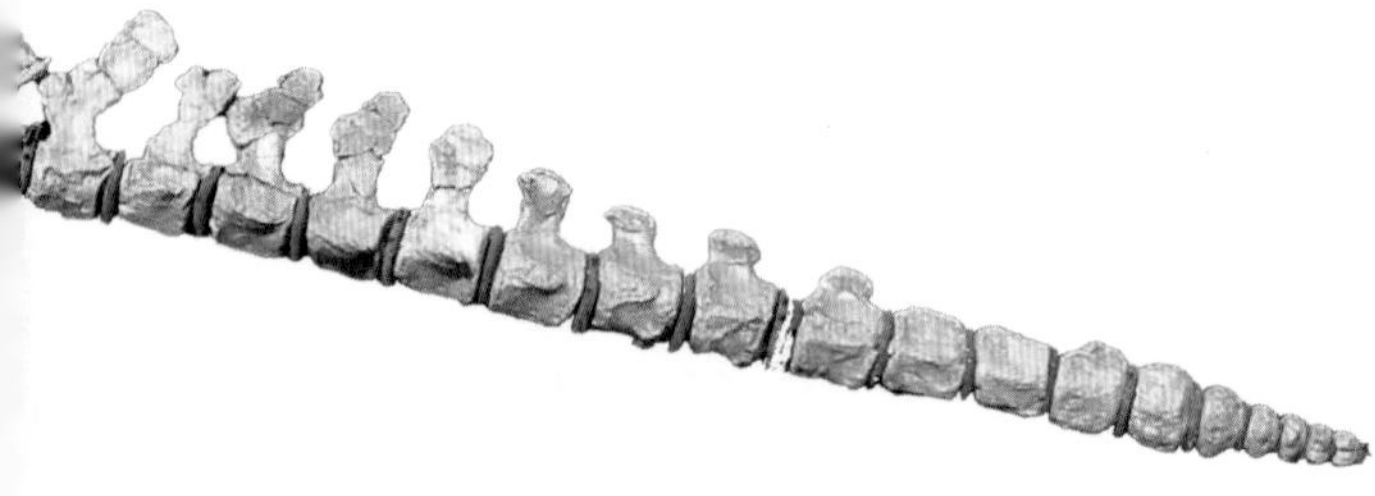

ではある。シャチ(*Orcinus orca*)には及ばないものの、マイルカ(*Delphinus delphis*)の約2倍の長さに相当するのだ。

本書の監修者である群馬県立自然史博物館では、2013年にその実物大生態復元模型を製作している。このとき、カミツキマッコウの頭部が詳しく調べられ、カミツキマッコウには、マッコウクジラほど頭部が迫《せ》り出していなかったことが指摘された。なお、この実物大生態復元模型は、現在でも同館で見ることが可能だ。

また、**カミツキマッコウは、マッコウクジラよりも俊敏だった可能性があるという。**大型で、ヒゲクジラ類をも獲物とするリヴィアタン、俊敏で獲物を追い詰めるカミツキマッコウ。中新世の太平洋は、その東

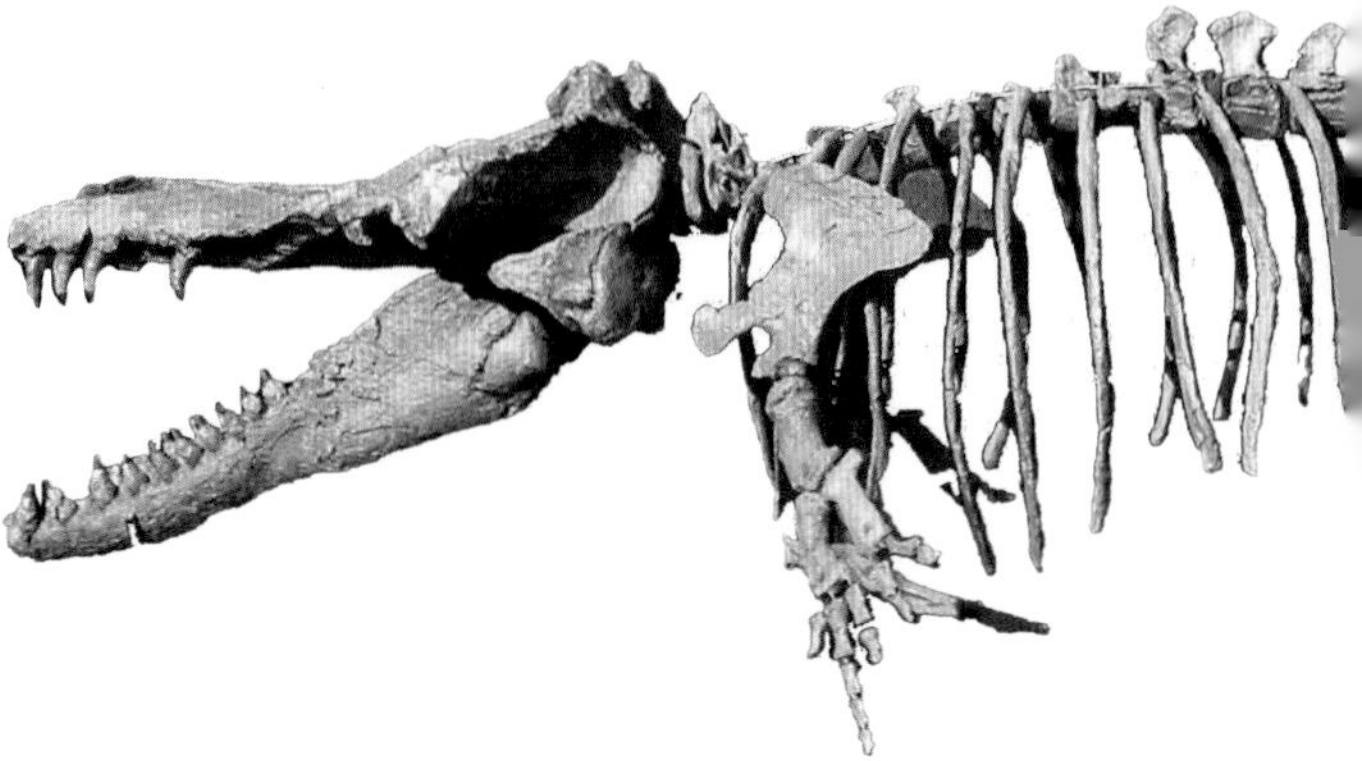

ブリグモフィセターの復元画(上)と全身復元骨格(下)。Photo：群馬県立自然史博物館提供　イラスト：柳澤秀紀

西でマッコウクジラ類による狩りが行われていたようだ。

大型化するカイギュウ類

クジラ類が海洋進出した始新世に、カイギュウ類も海へと歩みを進めていた。ただし、始新世の代表的なカイギュウ類であるペゾシーレンは、水中生活をしていたとみられるものの、しっかりとした四肢を備えていた。

【現生種そっくりのカイギュウ】

始新世から漸新世を経て、中新世となったとき、カイギュウ類にも、〝一歩進んだ種類〟が登場するに至る。

その名は「**ミオシーレン**（*Miosiren*）」。

ミオシーレンは全長約4メートル。前肢は鰭となり、後肢は消失し、平たい尾鰭を備えている。サイズも見た目も、アメリカマナティーなどの現生種とよく似ている。ここに至って、**カイギュウ類の姿は現生種と〝同じ姿〟まで進化**したことになる。ちなみに、化石はベルギーとイギリスから発見されている。

もっとも、よく似ているとはいえ、アメリカマナティーとミオシーレンは臼歯のつくりが異なっている。そのため、アメリカマナティーが海藻を主食としていることに対し、ミオシーレンの主食は貝類だったとみられている。

【札幌の大型カイギュウ】

ミオシーレンの登場から700万年と少しが経過したころ。中新世後期の北海道は海の底にあり、その海に、「**ハイドロダマリス**（*Hydrodamalis*）」が生息していた。

ハイドロダマリスの属名をもつ種は複数存在し、北海道だけではなく、山形県や茨城県、千葉県、神奈川県、長野県などからも発見されている。

ミオシーレンの全身復元骨格。群馬県立自然史博物館所蔵　Photo：札幌市博物館活動センター提供

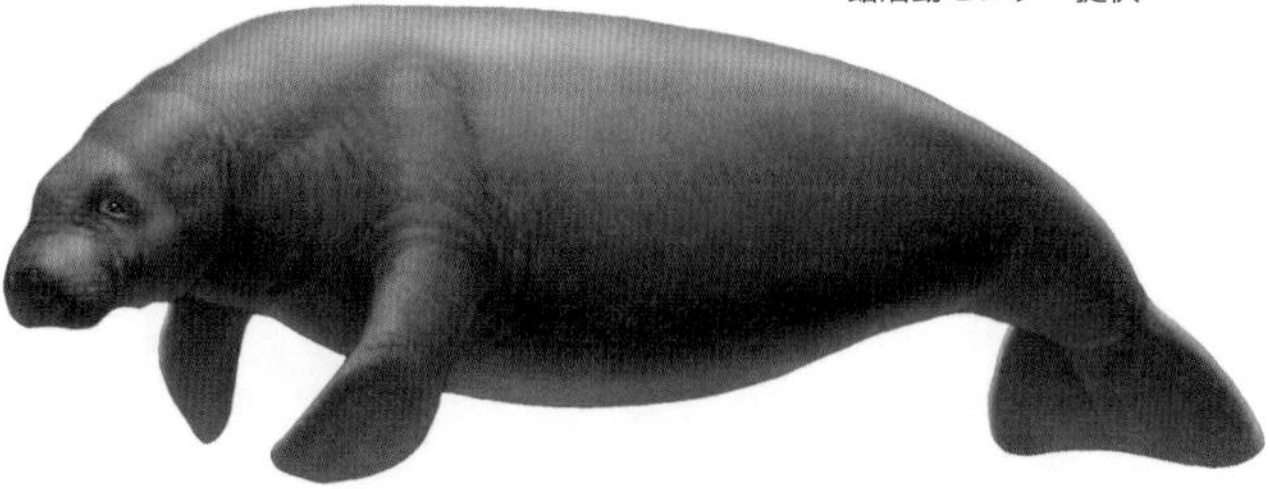

ミオシーレンの復元画。現生のカイギュウ類と変わらない姿をしている。イラスト：柳澤秀紀

こうしたハイドロダマリスの仲間と思われる化石が、札幌市を流れる豊平川《とよひらがわ》の河床から発見された。種小名までは特定されていないものの、ハイドロダマリス属に分類される可能性が高いため、学術上は「ハイドロダマリス属の一種」を示唆する「*Hydrodamalis* sp.」と表記されることが多い。一般的には、「サッポロカイギュウ」の通称で知られる。

サッポロカイギュウの全長は7メートルに及んだ。ミオシーレンと比較すると、「倍」とはいわなくても、「倍に近い」サイズ(長さ)である。そして、「大型である」ということは、サッポロカイギュウだけではなく、ハイドロダマリスの仲間たちに共通する特徴でもある。

基本的にからだのサイズが大きければ大きいほど、体内の熱は逃げにくい。そのため、ハイドロダマリス属のカイギュウたちは、とくに寒冷な海域を好んでいたとみられている。実際、サッポロカイギュウをはじめとするハイドロダマリスの仲間たちの化石は、ロシアではベーリング島(その名の

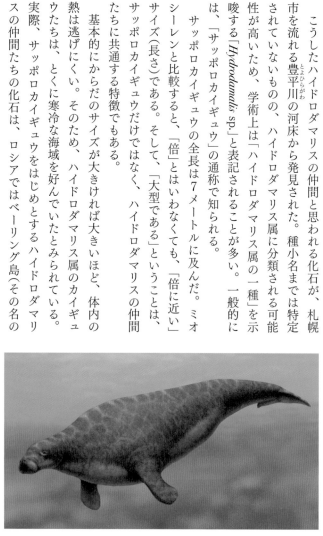

通りベーリング海の島だ）、アメリカのアラスカなどでも見つかっている。先ほど挙げた日本の道県名にも、より暖かい西日本は含まれていない。

ハイドロダマリスの仲間たちが登場するよりも少し前、太平洋北部にはミオシーレンとさほど変わらぬ〝普通〟サイズのカイギュウ類がいたことがわかっている。当時はまだ温暖な気候だった。寒冷化に転じる気候とあわせて、〝普通サイズのカイギュウ類〟が姿を消し、ハイドロダマリスの仲間が台頭していった。

サッポロカイギュウは、そうしたハイドロダマリスの仲間たちの中でも初期の種である。まさにカイギュウ類の進化の歴史において、〝転換点〟ともいえる存在として注目されている。

その後、サッポロカイギュウは滅びたものの、ハイドロダマリスの仲間は北太平洋で長期にわたって生息し続けることになる。本書では、もう一度、「ハイドロダマリス」が登場する。ぜひ、この名前をご記憶のまま、ページを進められたい。

サッポロカイギュウの全身復元骨格。右ページは復元画。Photo：札幌市博物館活動センター提供　イラスト：柳澤秀紀

恐るべき、鳥、ワニ、カメ、そして、サメ

中新世世界に生きていた、哺乳類以外の動物に物語を移していこう。

【恐ろしい鳥】

アルゼンチンに分布する中新世半ばの地層から、「飛べない大型鳥類」の化石が発見されている。「**フォルスラコス(*Phorusrhacos*)**」だ。

フォルスラコス類の代表でもあるこの鳥類は、「獲物を骨ごと噛み砕く」と評される大きな頭部が特徴だ。そして、「飛べない大型鳥類」とされていることからも示唆されるように、翼はとても小さい。体高は1・6メートル。なかなかの大きさだけれども、暁新世の北半球で栄えたガストルニス類ほどは大きくない。

フォルスラコスの属するフォルスラコス類は、より広い分類群である「ノガンモドキ類」に属している。このグループは、アカノガンモドキ(*Cariama cristata*)とクロアシノガンモドキ(*Chunga burmeisteri*)の現生2種を擁するグループで、ともに南アメリカに生息する。脚が長く、翼は小さい〝地上を走る鳥類〟であり、例えば、アカノガンモドキは時速70キロメートルで草原を走るとい

フォルスラコス。大きな頭部が特徴だ。太い脚も武器として使われたことだろう。
イラスト：月本佳代美

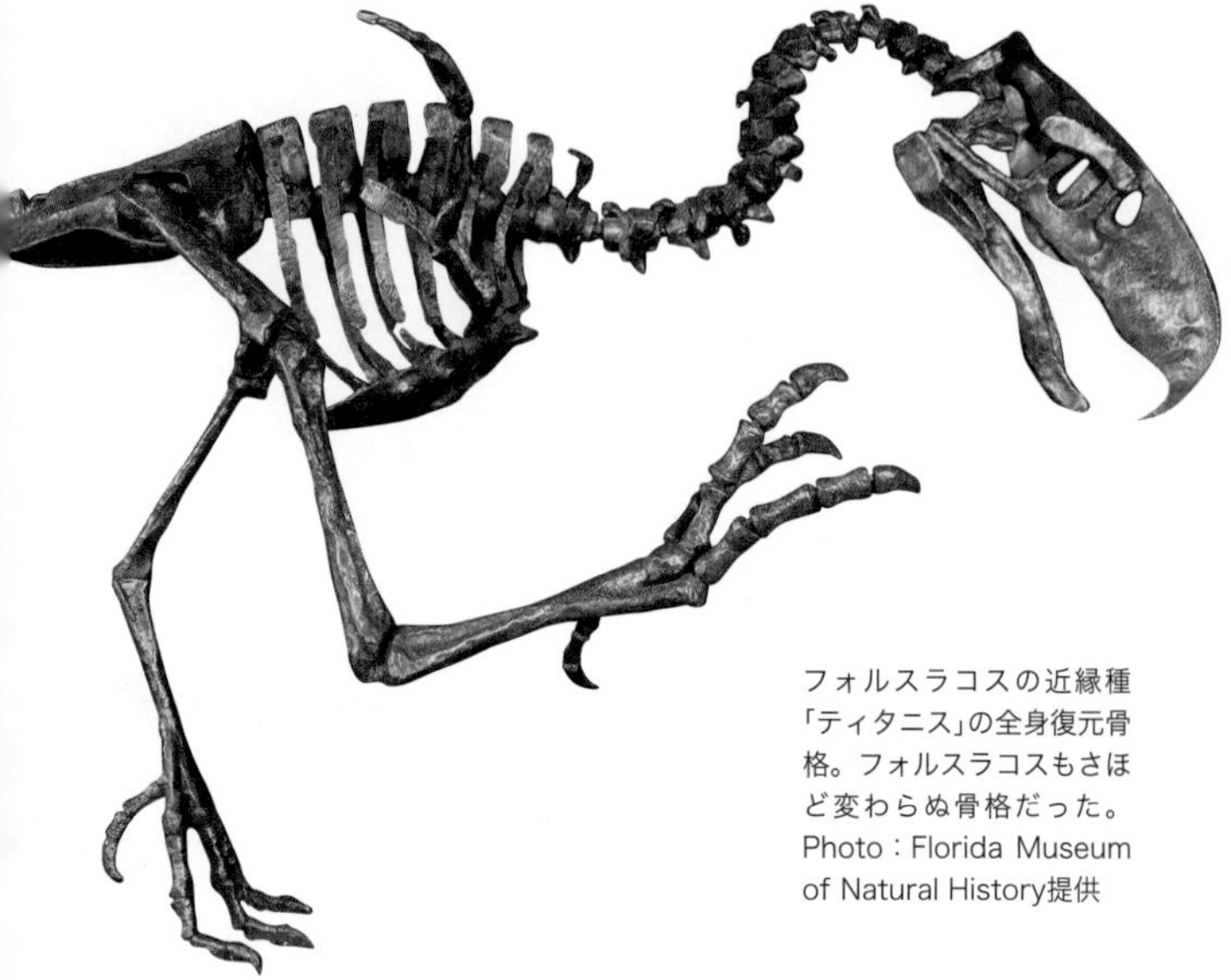

フォルスラコスの近縁種「ティタニス」の全身復元骨格。フォルスラコスもさほど変わらぬ骨格だった。Photo：Florida Museum of Natural History提供

う。昆虫類やトカゲ類などを襲うハンターとして知られている。フォルスラコスを彷彿とさせる生態だ。ただし、フォルスラコスほどの大きさはなく、アカノガンモドキの場合で、その体高は90センチメートルほどだ。かつては同じノガンモドキ類でも、倍近い体軀の大型種が存在していたことになる。

一方のガストルニス類は、グループとしては勢力は衰退していたものの、オーストラリアでは中新世でもなお、大型種を擁していた。

その名は、「**ドロモルニス**（*Dromornis*）」。見た目もサイズもガストルニスと似ている。ただし、２０１７年にフリンダース大学（オーストラリア）のウォーレン・Ｄ・ハ

ドロモルニスの復元画（左）と全身復元骨格（右）。南オーストラリア博物館所蔵。Photo：アフロ　イラスト：柳澤秀紀

ンドリーたちが発表した研究によると、こちらは性的二型とみられる2タイプがあるようだ。この研究では雄とみられる個体の平均体重を528キログラム、雌とみられる個体の平均体重を451キログラムと算出している。一見すると〝雄〟の方が大きいようにみえるし、実際、がっしりとした骨格である。ただし、身長は雌の方が高かったらしい。

フォルスラコス類とちがって、ガストルニス類には現生で近縁なものはいない。

【巨大ワニ】

中新世のブラジルには、「恐ろしい」という形容にふさわしいワニ類がいた。

そのワニ類は、ワニ類の中でも「アリゲーター類」に分類され、名前を「**プルスサウルス・ブラジリエンシス**(*Purussaurus brasiliensis*)」という。

「プルスサウルス」の属名をもつ種は複数報告されている。その中でも、「プルスサウルス・ブラジリエンシス」は、とくに大型種であることで知られる。

なにしろ、**推測されるプルスサウルス・ブラジリエンシスの全長は、実に12・5メートルに達したというのだ**。「史上最大級のワニ類」といえよう。恐竜類でいえば、かの「ティラノサウルス(*Tyrannosaurus*)」の長さとほぼ

獲物を襲うプルスサウルス。イラスト：柳澤秀紀

同等である。

　アリゲーター類であるということからもわかるように、吻部の先端は丸く、頭部の幅が広い。歯も顎もがっしりとしている。2015年にペルナンブコ連邦大学（ブラジル）のティト・アウレリアーノたちは、プルスサウルス・ブラジリエンシスの「嚙む力」を計算し、その推測値を約6万9000ニュートンとしている。

　計算法が異なるために単純に比較することはできないけれども、この「約6万9000ニュートン」という値は、ティラノサウルスの嚙む力を大きく上回る。「獲物を骨ごと嚙み砕く」といわれるあのティラノサウルスよりも、強い顎だった可能性が高い。プルスサウルス・ブラジリエンシスは、当時のブラジ

プルスサウルスの頭骨。標本長約145cm。Photo：Universidade Federal do Acre提供

ルの水際生態系の頂点に君臨し、大型の脊椎動物さえも餌にしていたとアウレリアーノたちは指摘している。

【巨大カメ】

中新世のブラジルには、こちらも圧倒的な存在感を放つカメ類がいた。

「ストゥペンデミス(*Stupendemys*)」だ。

発見されている部分化石から推測された大きさは、甲長約2・4メートル、体重は1トンを超えたとみられている。

カメ類はカメ類でも、ストゥペンデミスは日本であまり馴染《なじ》みのない「曲頸類《きょくけいるい》」というグループに属している。曲頸類は現生種も擁するグループで、文字通り「首(頸)」を「曲げる」という特徴がある。私たちのよく知るカメ類は、首を縦に畳み、甲羅の内部に収納する

ストゥペンデミスの全身復元骨格(上)と復元画(下)。Photo：アメリカ自然史博物館提供 イラスト：柳澤秀紀

ことができる。一方、曲頸類は、首を横に曲げて甲羅に収納する。概して曲頸類の首は長い。

ストゥペンデミスの首の長さは不明だけれども、現生種並みと考えれば、それなりの長さがあったことは想像に難くない。首をまっすぐ前に伸ばしたときの全長は3メートルを大きく超えていた可能性がある。「史上最大級のカメ」と書いても、過言ではなさそうだ。ちなみに、同じく「史上最大級のカメ」で知られるアーケロン（*Archelon*：甲長約2・2メートル）は、白亜紀の北アメリカにあった海に生息していた。ストゥペンデミスは淡水性のカメなので、両者は生きていた時代も地域も環境も異なる。異なっていても、大型化に成功していたのだ。


【巨大サメ】


「巨大サメ」として、圧倒的な存在感を放つ種が、「**メガロドン**」だ。

メガロドンの化石は、ほぼ「歯」しか知られていない。ただし、その歯が大きく、高さが15センチメートルを超えるものも少なくない。ヒトの手のひらサイズの巨大な歯だ。そんな歯の化石ばかりが世界各地で発見されている。日本でも各地からの報告があり、江戸の昔には、これを「天《てん》狗《ぐ》の爪」として扱っていたこともある（このあたりは、技術評論社より上梓した拙著『怪異古生物考』をご覧いただきたい）。

さて、実は「メガロドン」というのは、「通称」に近い呼び名だ。正確には、「種小名」である。

「学名」は原則的に2つの単語で構成される。その一つを「属名」と呼び、もう一つが「種小名」である(この他に「亜属名」や「亜種名」がつくこともある。その場合は、それぞれに応じた単語が増える)。

通常、本書のような一般書などでは、属名をもってその種類を紹介することが多い。例えば、先ほどの「プルスサウルス(*Purussaurus*)」や「ストゥペンデミス(*Stupendemys*)」は、「属名」である。

一方の「種小名」は、本書では言及する必要がある場合のみに紹介している。例えば、「プルスサウルス」は複数種が存在する中で、その中でも最大種に言及するため、「プルスサウルス・ブラジリエンシス(*Purussaurus brasiliensis*)」と紹介した。この「ブラジリエンシス(*brasiliensis*)」の部分が「種小名」だ。アルファベットに注目すると、属名の頭文字だけ大文字で、残りはすべて小文字で綴《つづ》る。

「メガロドン(*megalodon*)」は、「種小名」なのだ。学名は「属名」と「種小名」で構成されるため、もちろん、メガロドンにも属名がある。

メガロドンの歯化石。アメリカ産。標本の高さが約14cm。Photo：オフィスジオパレオント

メガロドンの復元画。ただし、メガロドンの全身が残った化石は発見されていない。
イラスト：柳澤秀紀

……ただし、その属名が、実は、なかなか難しい。

かつて、多くの博物館の展示で使われていた属名は、「カルカロドン（*Carcharodon*）」。この場合、種としての正確な表記は、「**カルカロドン・メガロドン**（*Carcharodon megalodon*）」となる。「カルカロドン」は、現生のホホジロザメ（*Carcharodon carcharias*）の属名でもあり、メガロドンとホホジロザメが極めて近縁であることを意味している。

その後、絶滅属である「**カルカロクレス**（*Carcharocles*）」を用いることが多くなったが、近年では同じ絶滅属である「**オトダス**（*Otodus*）」を用い、「**オトダス・メガロドン**（*Otodus megalodon*）」とすることも多くなってきた。本書では、こうした状況を鑑みて、引き続きカタカナで「メガロドン」との表記を続けていくとしたい。

さて、なにしろ「歯が巨大」というメガロドンである。「巨大なサメ」であることは間違いない。ただし、歯以外の化石がほとんど発見されていないため、「どのくらい大きいか」は、常に議論の的だった。例えば、2010年に刊行された『古生物学事典 第2版』(朝倉書店)では、「11〜20メートル」という、かなり幅のある全長値が紹介されている。

全長に関する、近年の研究をいくつか紹介してみよう。

2019年、デポール大学(アメリカ)の島田賢舟は、ホホジロザメのデータを参考に、メガロドンの上顎の歯化石から、その全長を推測した研究を発表している。この研究では、メガロドンの全長は14・2〜15・3メートルであり、15メートルを超える個体は稀《まれ》とされた。

2021年、フロリダ自然史博物館(アメリカ)のヴィクター・J・ペレスたちは、歯列に注目して全長値を再計算。大型のメガロドンは、全長20メートルに達したと指摘した。

2022年、スウォンジー大学(イギリス)のジャック・A・クーパーたちは、メガロドンの希少な椎骨の化石に注目。その椎骨から全身を3Dモデルで復元し、少なくともその個体の全長は、15・9メートルになるとした。

推測に用いる手法によって全長値が異なる、ということが現在でも続いている。ともあれ、**全長15メートル前後の「巨大なサメ」と考えていれば、メガロドンのおよそのイメージとして間違いではなさそうだ。**ちなみに、「15メートル」といえば、現代日本の道路を走る大型バスの長さよりも数メートル大きい。間違いなく、中新世の海におけるトッププレデターといえるだろう。しかも、その版図は世界の海に広がっていた。なお、島田は2022年にもサイズに関する論文を発表し、かつて寒冷だったとみられる海域ほど、大型の個体がいた可能性を指摘した。これは「ベルクマンの法則」という、動物一般の傾向ともあう。からだが大きければ大きいほど体温を発散しにくくなることと関係したものだ。

クーパーたちが2022年に発表したモデルでは、体重約61・6トン、遊泳速度は時速5キロメートル、胃の容積が9605リットルといった要素も算出され、全長8メートル級までの獲物であれば、完食することができたと指摘している。これは、ホホジロザメでさえも、ぺろりと食べてしまうことを意味している。実際、プリンストン大学(アメリカ)のエマ・R・カストたちが2022年に発表した研究では、歯化石の化学分析によって、メガロドンの栄養状態がかなり良かったことが指摘された。同年に、マックス・プランク進化人類学研究所(ドイツ)のジェレミー・マコーマックたちの分析によって、メガロドンとホホジロザメは、同じ獲物を争っていた可能性も示唆されている。

また、2021年には島田たちがメガロドンに関する新たな研究成果を発表している。島田たちは、椎骨に残る年輪を調べ、生まれたばかりのメガロドン(つまり、メガロドンの赤ちゃん)のサイズが、全長2メートルに達していたことを指摘した。生まれたときから、大抵のヒトよりも大きかったというのである。この結果から、島田たちはメガロドンが「子宮内共食い」をしていた可能性に言及している。母の胎内にいるうちに、いち早く孵化《ふか》した胎児が、まだ孵化していない卵を食べて成長していたのではないか、というわけだ。

母の胎内で兄弟を喰《く》い、生まれたのちは、圧倒的な巨体にまで成長し、生態系の頂点に君臨したメガロドン。しかし、子孫を残すことなく、中新世の次の時代である鮮新世に滅びることになった。

2016年、チューリッヒ大学(スイス)のカタリナ・ピミエントたちは、メガロドンの化石のデータベースを精査し、メガロドンが中新世の半ばころから緩やかに衰退していたと指摘した。ピミエントたちによると、この衰退の原因には、ハクジラ類やホホジロザメとの獲物の競合があった可能性があるという。

類似の分析結果は、チャールストン大学(アメリカ)のロバート・W・ボーセネッカーたちによっても2019年に指摘されている。ボーセネッカーは、アメリカとメキシコの西岸に分布する鮮新世の地層から産出したメガロドンの化石のデータをまとめ、かつてのこの海域では鮮新世の半ばにあたる約351万年前にメガロドンは姿を消したという。ボーセネッカーたちは、ホホジロザメの台頭をその原因として挙げている。

他に、その代謝が絶滅に関わっていたのではないか、との指摘もある。2023年、ウィリアム・パターソン大学(アメリカ)のマイケル・L・グリフィスたちは、歯化石を化学分析し、メガロドンの代謝にせまる研究を発表した。グリフィスたちのこの研究によると、メガロドンは内温性だったかもしれないという。いわゆる「サカナ」であるメガロドンが内温性だったことは、ある意味で、実はさほど驚くに値しない。現生種でも内温性のサカナはいくつか確認されている。

しかし、内温性の動物は、外温性の動物よりも、概して多くの食料を必要とする。グリフィスたちは、気候変化などによって獲物が減ったことが、メガロドンの絶滅に関係していた可能性を指摘している。

なお、2023年に島田たちは、埼玉県産の「メガロドンの鱗《うろこ》の化石」を解析し、メガロドンの遊泳速度が、通常時は遅く、必要なときだけ加速していた可能性を指摘している。つまり、実はさほど〝エネルギー〟を必要としていなかったということになる。ここだけ見れば、内温性というグリフィスたちの研究結果との間に矛盾がありそうに見える。これに対し、島田たちは、メガロドンの〝エネルギー〟は運動ではなく、餌の消化・吸収に使っていた可能性を指摘している。大きなからだを〝維持するため〟の内温性であり、そして、多量の餌が必要だった、というわけだ。

……このようにメガロドンに関する研究は、1年に多数の論文が発表されるというかなりのスピードで進んでいる。この数年だけに注目しても、ここで紹介しなかった研究例はいくつもある。明日には新たなことがわかっているかもしれない。継続的な注目が必要な古生物の一つである。

月のおさがりと、大きな牡蠣

中新世の日本を代表する二つの無脊椎動物を紹介しよう。

【宝石となった巻貝】

「**ビカリア**(*Vicarya*)」という巻貝がかつての日本に生息していた。

ビカリアは、現生のキバウミニナ(*Terebralia palustris*)に近縁で、大きなものでは殻の高さが10センチメートルほどになる。殻の表面には規則正しく突起が並び、その突起は殻口に近くなるほど大きくなるという特徴がある。

「ビカリア」の名(属名)をもつ巻貝は複数種が報告されている。その中で、日本でよく知られているのは「ビカリア・ヨコヤマイ(*Vicarya yokoyamai*)」だ。

ビカリア・ヨコヤマイの化石は、北海道から九州までの広い範囲にある中新世の地層から産出する。近縁のキバウミニナがマングローブが生育するような暖かい水域に生息しているため、ビカリア・ヨコヤマイの化石産地も暖かかったと推測されている。こうした「過去の環境を推測できる化石」のことを「示相《しそう》化石」という。

ビカリアの復元画（上段）と化石（下段）。下段右は、「月のおさがり」と呼ばれる標本。詳細、本文にて。化石は高さ約10cm。
Photo：瑞浪市化石博物館提供　イラスト：柳澤秀紀

そんなビカリア・ヨコヤマイの化石の中には、岐阜県瑞浪《みずなみ》市内の一部の地層だけでみつかる〝特殊なもの〟がある。それは、ビカリア・ヨコヤマイの殻の中にメノウやオパールの成分が沈殿して結晶化し、そして、殻自体は消失しているという化石だ。結果として、**メノウやオパールが螺旋《らせん》をなして残る**。**この螺旋状の化石は、「月のおさがり」と呼ばれている**。「おさがり」とはうんちのことで、かつて、この化石をみつけた人々は、その形状から「月のうんち」を意味する名前を与えたのだ。なんと風流な話だろうか。

【厚い牡蠣】

もう一つの無脊椎動物として、「牡蠣《かき》」に触れておこう。

そもそもカキの仲間は、古生代から今日までの長い歴史がある。長い歴史のあるカキの仲間の一つに、現生のマガキ（*Crassostrea gigas*）の同属別種として、「**クラッスオストレア・グラヴィテスタ**（*Crassostrea gravitesta*）」が中新世の日本の水域に生息していた。資料によっては、イタボガキ（*Ostrea denselamellosa*）の同属別種にも位置付けられているグラヴィテスタの特徴は、殻が「厚い」ことだ。厚く、重い殻をもつことから「アツガキ」の和名でも知られている。そして、大きい。**殻長が30センチメートルに達するものもある**という。さぞや食べ応えがあったことだろう。もっとも、「食べ応えがある」と「美味」は必ずしもイコールではつながらない。さて、アツガキの味はい

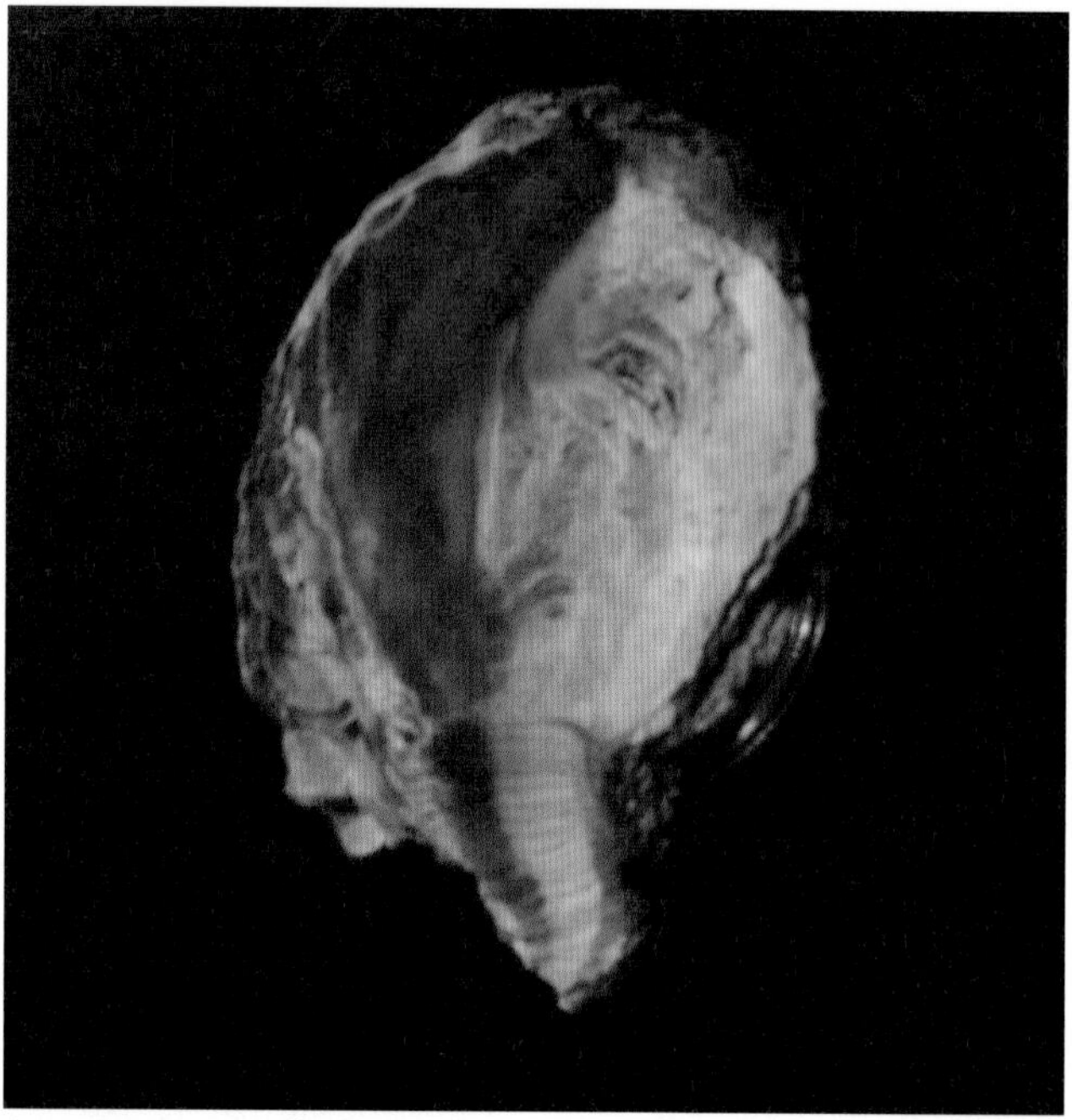

クラッスオストレア・グラヴィテスタ。
神戸市立青少年科学館所蔵。Photo：久保貴志

かがだったのだろうか？

人類登場

【始まりの人類】

中新世の終わりが近づいたころのアフリカ中央部には、人類が生息していたことがわかっている。

その人類の名前は、「サヘラントロプス」（*Sahelanthropus*）だ。

サヘラントロプスの化石として、ほぼ完全な頭骨といくつかの部分化石が知られている。その頭骨には、眼窩の上

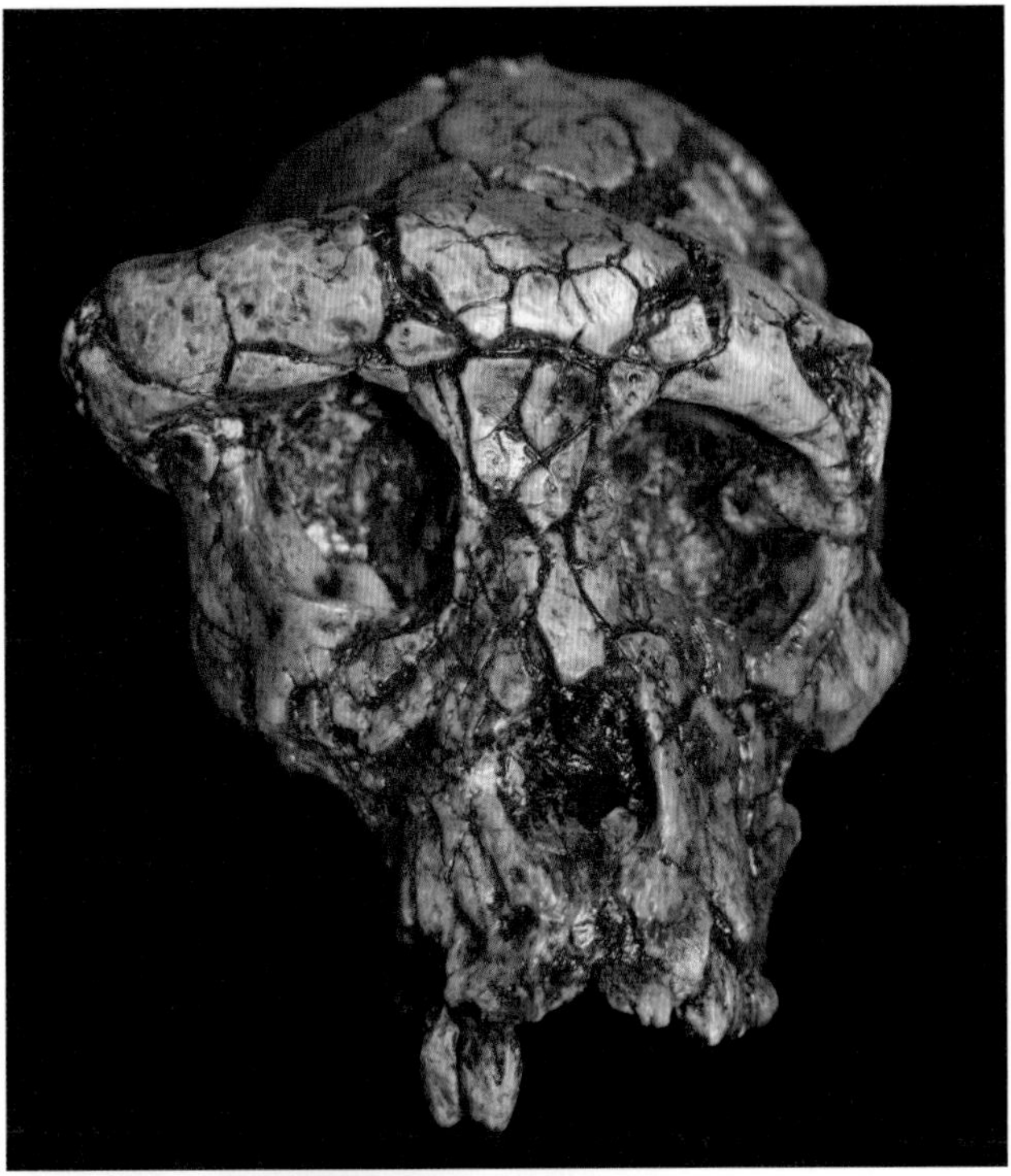

サヘラントロプスの頭骨
(上段)と復元画(下段)。
頭骨は、高さ約8cm。
Photo：アフロ
イラスト：柳澤秀紀

が盛り上がっているという特徴があり、脳の容積は現生のチンパンジー（*Pan*）とほぼ同じと計算されている。

全身像を復元するためには情報が足らず、サヘラントロプスがどのような人類だったのかは、身長情報を含めて謎に包まれている。**サヘラントロプスの化石の年代は約720万〜約600万年前とされ、この値をもとに「人類の歴史は700万年」という言い回しがよく使われる。**

サヘラントロプス以降、アフリカでは多くの人類の出現が続く。揺籃《ようらん》の大陸として、私たち人類の故郷として、アフリカがその役割を果たしていくことになる。

第2節　氷河時代への〝準備〟――鮮新世

約533万年前。

新第三紀の〝第2の時代〟である鮮新世が始まる。

中新世の終盤に本格化した寒冷化は、鮮新世になっても続いている。2021年のスコテーゼたちの論文によれば、鮮新世を通じて、地球の平均気温が17℃を超えたことはないという。それでも、鮮新世の前半期の平均気温は14℃前後であり、当時としてはやや温暖だった。後半になると冷え込んで、13℃付近にまで低下する。参考までに、現在の地球の平均気温は15℃だ。「わずか1℃や2℃じゃないか」と思われるかもしれないが、「地球の平均気温」として、この値は大きい。

地理をみれば、南北アメリカがパナマでつながった。この「パナマ地峡」の成立は、陸の動物たちにとってみれば、南北の大陸を歩いて往来することが可能となったことを意味しており、海流の視点からみれば、大西洋から太平洋へと赤道付近で抜けるルートが遮断されたこととなる。これにより、メキシコ湾流が誕生し、北半球の高緯度へと大量の水蒸気を運ぶことにつながったとされる。

寒冷化と水蒸気の供給。大規模な氷床の発達に必要なものだ。**「氷河時代」と呼ばれる第四紀への準備が整**いつつあった。

〝サーベルタイガー〟たち

食肉類においては、中新世〝転換期〟を経て、ネコ類の台頭が本格化した。長い犬歯をもつ〝真のサーベルタイガー〟の多様化が進んでいく。

【似て非なる仲間たち】

鮮新世のネコ類として、「**ホモテリウム**(*Homotherium*)」「**ゼノスミルス**(*Xenosmilus*)」「**メガンテレオン**(*Megantereon*)」の3種類を紹介しておこう。

ホモテリウムは、中新世に始まり、鮮新世に大繁栄し、第四紀更新世までその命脈を残したグループだ。多くの種を擁し、アメリカ、ヨーロッパの他、中国やモロッコ、南アフリカなどからも化石が発見されている。

見た目は、まさに「サーベルタイガー」。すなわち、大型のネコ類のような姿で、発達した犬歯をもつ。四肢が長いことが特徴で、肩高は1・1メートルに達した。

大型のネコ類の主武器《メイン・ウエポン》は、「ネコパンチ」だったとみられている。しかし、マラガ大学(スペイン)のボルハ・フィゲイリードたちが2018年に発表した研究によれば、ホモテリウムの前肢の「ネコパンチ」の威力は弱く、むしろ走行に適していたことが

メガンテレオンの頭骨(レプリカ)。標本長約26cm。まさに「サーベルタイガー」の面構えといえよう。
Photo：オフィス ジオパレオント

メガンテレオンの復元画。

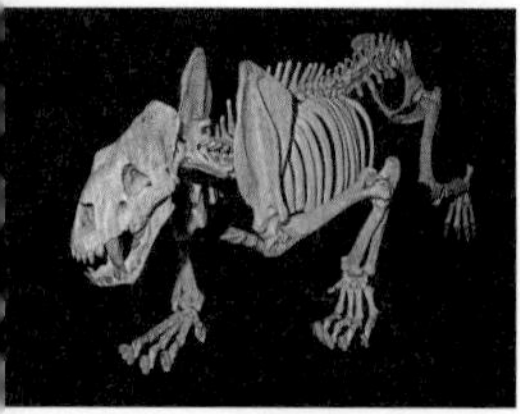

ゼノスミルスの復元画(右)
と全身復元骨格(左)。
Photo：アフロ

ホモテリウムの復元画。このページを見るだけでも、多様なサーベルタイガーがいたことが伝わるのではなかろうか。

イラスト：柳澤秀紀

ホモテリウムの全身復元骨格。Photo：アフロ

示唆された。一方、長い犬歯と頭部は、やや〝柔軟〟で、もがく獲物を支えることができたという。攻撃に際し、他のサーベルタイガーたちよりも〝早い段階〟で〝剣〟を使っていたのかもしれない。**一見しただけでは同じような姿に見えるサーベルタイガーたちも、種類によってからだのつくりが異なり、このことが多様なサーベルタイガーたちが生き残ることに一役買っていた可能性が指摘されている。**

ゼノスミルスは、鮮新世と更新世に生息していたネコ類で、その化石はアメリカだけで発見されている。四肢はがっしり型で短い。これが、ホモテリウムとの大きなちがいだ。一方、肩高は1メートルほどであり、ホモテリウムとさほどちがいはない。

メガンテレオンは、中新世から更新世の半ばまでの歴史をもち、化石はアメリカ、ヨーロッパのほか、中国やパキスタン、ケニアなどで発見されている。肩高は70センチメートルと、ホモテリウムやゼノスミルスと比べるとやや小型だ。筋肉質の長い首と、短い尾が特徴的である。

多様化するサーベルタイガーたち。世界各地でその姿を見ることができた時代だった。

巨大なネズミと巨大なウサギ

前節では、中新世の「大型ハリネズミ」として、デイノガレリックスを紹介した（153ページ）。そうした〝刹那的な大型種〟は、鮮新世の世界でも見ることができる。

【巨大齧歯類】

「齧歯類」といえば、ネズミやリスの仲間。つまり、基本的には小型種で構成されている。現在の地球には、例外的に大きな齧歯類として、動物園などの人気者であるカピバラ（*Hydrochoerus hydrochaeris*）がいるけれども、そのカピバラであっても全長は1・4メートルに満たず、体重も70キログラムには届かない。

そんな「齧歯類といえば、小型」というイメージを覆す存在が、ウルグアイに生息していた。名前を、「**ジョセフォアルティガシア**（*Josephoartigasia*）」という。

ジョセフォアルティガシアの化石は、部分化石だけが知られている。しかし、その**部分化石から推測される頭胴長は実に3メートル前後、体重は約1トンに達したとされている。**ライオン並みの長さと、クロサイ（*Diceros bicornis*）並みの重さを兼ね備えた、迫力のある齧歯類だったようだ。

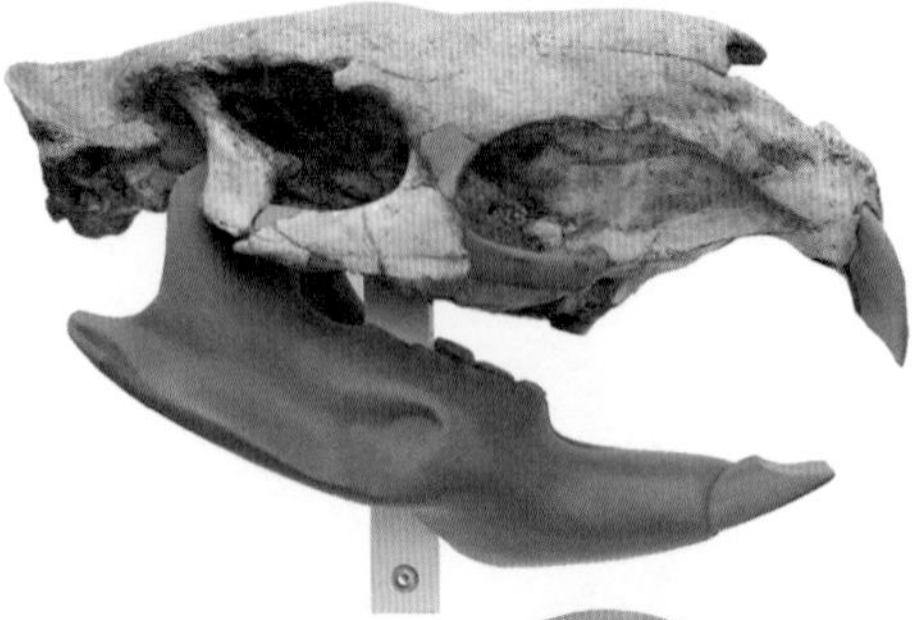

ジョセフォアルティガシアの頭骨と復元画（下段）。上段左はカピバラの頭骨。Photo：Ernesto Blanco、Royal Society Journals　イラスト：柳澤秀紀

そして、その大きさは〝はったり〟ではなかったらしい。ヨーク大学（イギリス）のフィリップ・G・コックスたちは、2015年にジョセフォアルティガシアの「噛む力」を解析し、その結果を発表している。

コックスたちの算出によると、ジョセフォアルティガシアの前歯の噛む力は1389ニュートン、奥歯の噛む力は4165ニュートンに達したという。前歯だけでも、トラ並みの破壊力である。

なぜ、これほどまで大きくて強力な齧歯類が出現したのか。その理由は定かではない。

【巨大ウサギ】

いわゆる「ウサギ」は、「兎形類《とけいるい》」というグループの構成者だ。こちらも基本的に現生種は小型である。例えば、ペットとして人気の高いアナウサギ（*Oryctolagus cuniculus*）の頭胴長は、大きなもので50センチメートル、体重は2・5キログラムほど。腕に抱いて、「可愛い！」と頬擦りできる、そんな体軀である。そして、ウサギといえば「長い耳」であり、ウサギといえば、「ピョンピョン」と跳ねる「長い後脚」だ。

鮮新世には、この愛らしい姿を〝ちょっと外れた大型種〟が存在していた。2011年にスペインのジョセップ・キンタナたちは、地中海に浮かぶ孤島「メノルカ島」で発見された大型の兎形類の化石を報告、「**ヌララグス**（*Nuralagus*）」と名付けた。

アナウサギ（右）と等縮尺で描かれたヌララグス（左）。

イラスト：柳澤秀紀

推測されるヌララグスの頭胴長は80センチメートルであるという。アナウサギと比較して、1・6倍ほどと、「80センチ」というサイズは、あまり「大きい」と感じないかもしれない。しかし、体重は実に12キログラムに達したとされる。アナウサギ5匹分に近いサイズである。ずいぶんとどっしりとしていて、あまりウサギらしくない。

キンタナたちの分析によると、視覚も聴覚も弱かった。さらに、手足が短く、背骨は柔軟性に欠けるため、「ピョンピョン」と跳ねて移動することができなかったらしい。

一言で表現すれば「鈍重」で、獲物としてみたときには狩りやすく、そして、食べ応えもありそうだ。

そんなヌララグスがなぜ、メノルカ島で生き残ることができたのだろう?

化石が発見されているということは、それなりの個体数がこの島で繁栄していた可能性があるということである。

キンタナたちは、大型捕食者の不在を挙げる。メノルカ島で、同時代にできた地層からは、ヌララグスを捕食するような大型動物の化石は発見されていない。かつて、ガルガーノ島でデイノガレリックスが出現したように、ヌララグスもまた〝平和な島〟を堪能していたようである。

小型化の始まり

前節で中新世の日本にやってきたゾウ類に近縁の長鼻類として、「ツダンスキーゾウ」こと「ステゴドン・ツダンスキー」を紹介した。ツダンスキーゾウの肩高は、3・8メートルに達した。

鮮新世になると、日本におけるステゴドン類の進化は、〝一歩〟進む。

【日本の化石固有種で最大の長鼻類】

ツダンスキーゾウこと「ステゴドン・ツダンスキー」を祖先として、「**ステゴドン・ミエンシス**（*Stegodon miensis*）」が登場した。「ミエンシス（*miensis*）」の「ミエ（*mie*）」は、「三重」である。この化石が最初に発見された場所が三重県であることから、この名前がついた。

和名を「**ミエゾウ**」という。

最初の化石こそ三重県で発見となったけれども、このステゴドンは日本でかなり〝成功〟したらしく、その化石は長崎県、福岡県、大分県、島根県、東京都などでも発見されている。肩高は約3・6メートルと推測されている。ツダンスキーゾウと同等、あるいは、やや小さいという体軀である。

ステゴドン・ミエンシスの全身復元骨格。三重県総合博物館所蔵。Photo：佐野貴司撮影　イラスト：柳澤秀紀

もっとも、**「約3・6メートル」という肩高は、既知の日本固有の古生物の中では最も大きい。**そして、このミエゾウから、日本のステゴドンの進化はさらに続いていくことになる。

哺乳類も、首が長くなる

「首の長い脊椎動物」といえば、前巻の中生代編をお読みの方は、「竜脚類」や「クビナガリュウ類」を思い浮かべるかもしれない。

竜脚類においては、例えば、マメンキサウルス(*Mamenchisaurus*)だ。その全長は30メートルとも、35メートルとも言われる恐竜である(最近になって、もっと巨大だったのではないか、という研究も発表されたが……その話はまたどこかで書くこともあるだろう)。小さな頭、長い首、樽《たる》のような胴体に柱のような四肢、そして長い尾をもつ。その首の長さは、全長の半分を占めたといわれている。

クビナガリュウ類は、「フタバスズキリュウ」の和名をもつフタバサウルス(*Futabasaurus*)が有名だ。小さな頭、長い首、樽を潰したような胴体に鰭となった四肢、そして短い尾をもつ海棲の爬虫類である。全長は6・4〜9・2メートルとされ、こちらもその半分ほどを首が占めている。

竜脚類やクビナガリュウ類の「首の長さ」は、基本的に「首の骨(頸椎《けいつい》)の数が多い」ことに起因している。種によっては数十もの頸椎をもち、故に、「首が長い」のだ。

さて、私たち哺乳類で「首が長い」といえば、やはり「キリン」だろう。学名は「ギラファ・カメロパルダリス(*Giraffa camelopardalis*)」。頭胴長4・7〜5・7メートルの彼らは、首を真上に上げたとき、その身長は3・5メートルを軽く超える。いわゆる「日本の一般住宅」で、2階の窓から餌を与えることもできるサイズである。

キリンの首の骨は、7個の頸椎でできている。同じ「長い首」であっても、竜脚類やクビナガリュウ類よりも圧倒的に数が少ない。

キリンに限らず、哺乳類の頸椎は、一部の例外をのぞいて、基本的に7個だ。あなたも、筆者も、あなたの家にいるイヌやネコも、基本的にはキリンと同じ7個の頸椎を備えている。つまり、キリンの「長い首」は、頸椎の数が多いわけではなく、「個々の頸椎が長い」ことによっている。

ちなみに、2016年に東京大学総合研究博物館の郡司芽久と遠藤秀紀が発表した論文によると、キリンの頸椎自体は7個であるものの、胸の一番前の骨(第1胸椎)が柔軟に動くことで、実質的に〝第8の頸椎〟の役割を果たしているという。これによって、キリンは長い首をさらに柔軟に動かすことができるらしい。

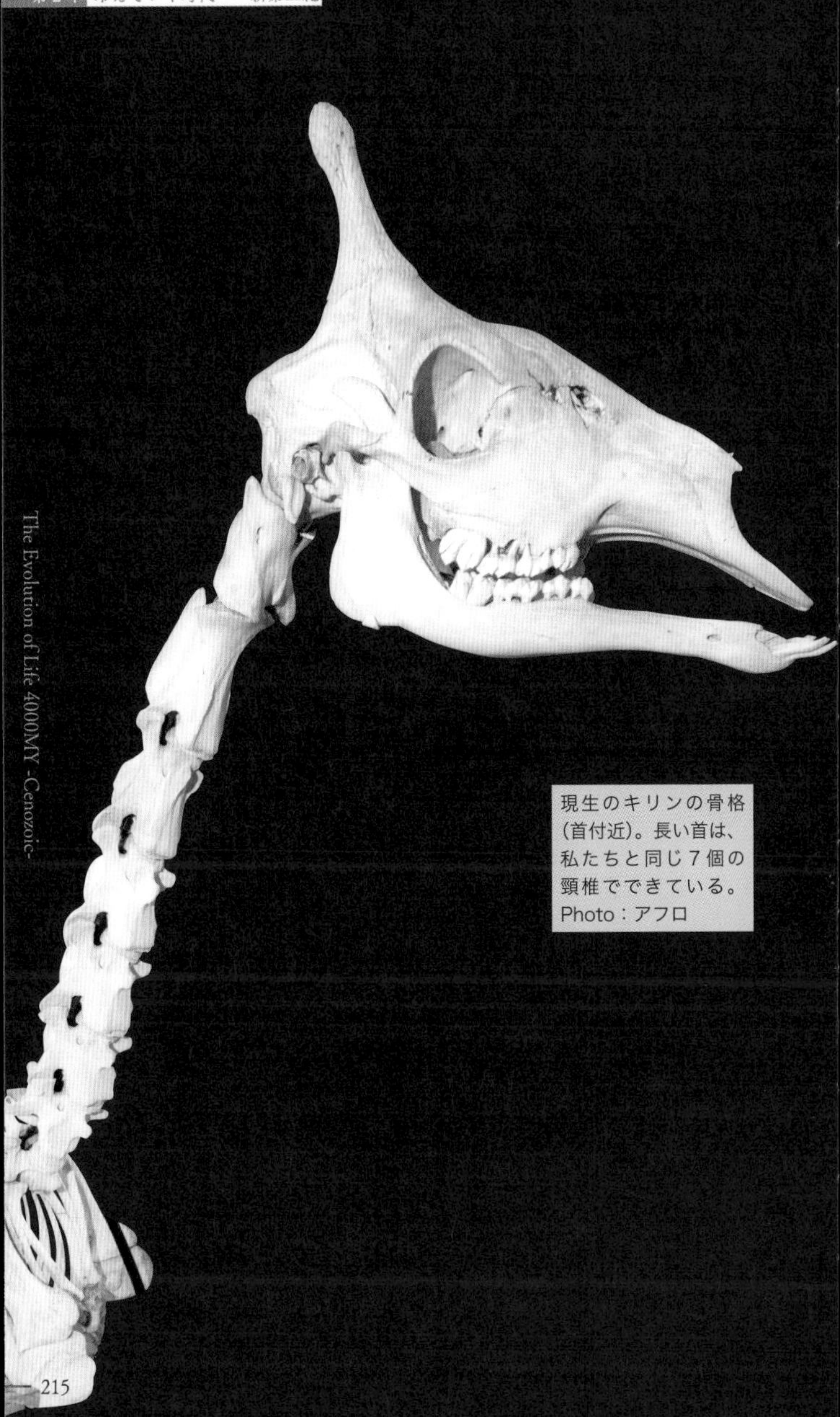

現生のキリンの骨格（首付近）。長い首は、私たちと同じ7個の頸椎でできている。
Photo：アフロ

【長くなっていく〝途上の首〟】

キリンの属する「キリン類」の祖先は中新世に登場したといわれている。この段階では、キリン類の首は長くなかった。

中新世末に登場し、鮮新世に栄えたキリン類に「**サモテリウム**（*Samotherium*）」がいる。肩高約1・5メートルのこの動物は、〝少しだけ長い首〟である。

2015年にニューヨーク工科大学（アメリカ）のメリンダ・ダノウィッツたちが発表した研究によると、**サモテリウムの首は、その第3頸椎（頭部から数えて3番目の頸椎）の上部（頭側）が、祖先と**

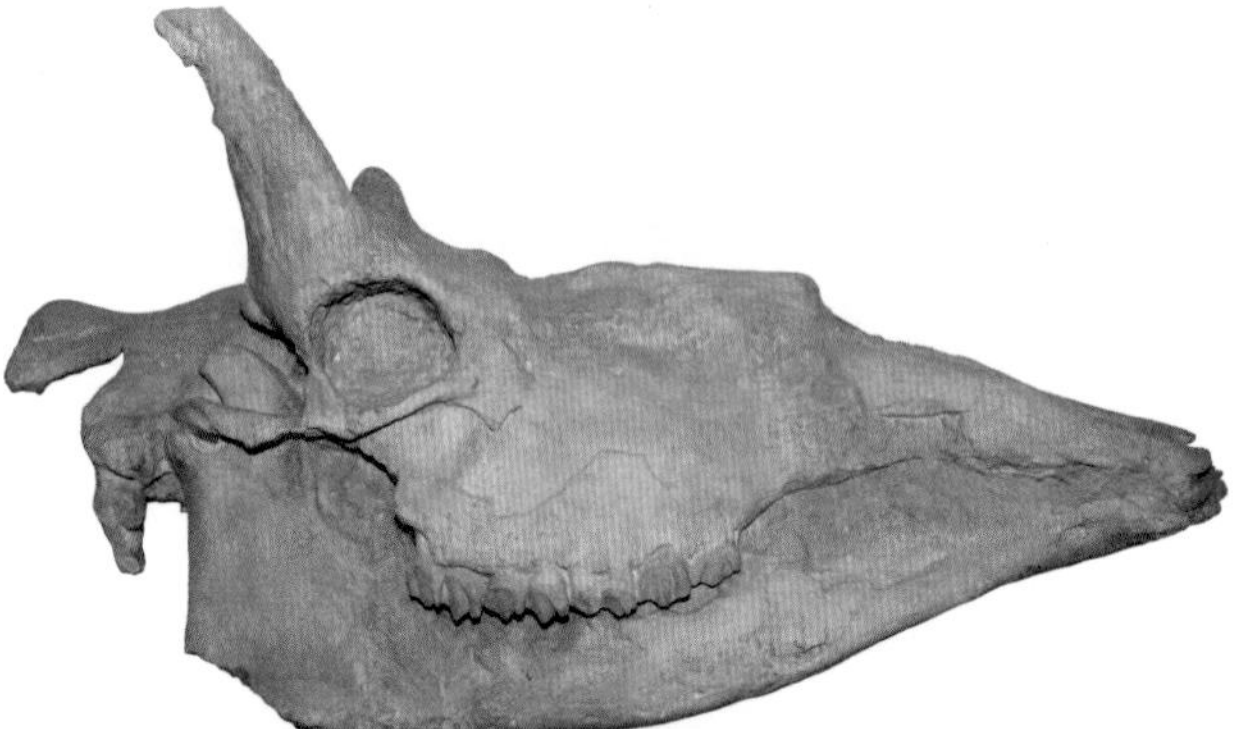

サモテリウムの頭骨（上段）。復元画（下段）。Photo、イラスト：アフロ

比べて長いという。

ダノウィッツたちの研究によれば、キリン類はその後の進化の中で、第3頸椎より下も長くなる。キリン類の進化は、この〝頸椎の伸長〟を終えて、早ければ中新世に、遅くても鮮新世の間に、現生種と同じギラファ属の登場に至る。例えば、タンザニアやケニアなどアフリカ各地から化石が発見されている「**ギラファ・ジュマエ**（*Giraffa jumae*）」は、サイズも姿も、キリンとそっくりだ。頭骨の高さや、ツノの傾きなどにちがいがみられるのみであり、専門家でもなければ、現生種と見分けることは難しい。

キリン類の「首の伸長」は、新第三紀に、急速に進んだことになる。

ギラファ・ジュマエ。ほぼ、現生のキリンと同じである。
イラスト：柳澤秀紀

【短くなっていく〝途上の首〟】

キリン類は、何も〝キリンの系譜〟だけで構成されているわけではない。このグループには、複数の種が属しており、そのすべてが「首が長い」わけではない。

例えば、オカピ(*Okapia johnstoni*)である。尻と脚に縞《しま》模様があるこの哺乳類は、顔つきこそキリンとよく似ているけれども、首の長さは〝ごく普通〟というキリン類だ。そのため、〝まだ首が短かったころの祖先の姿を保っている〟とみなされていたことから、オカピを「生きている化石」と呼ぶことがある。

もっとも、ダノウィッツたちの2015年の研究によれば、「首が短かったころの祖先の姿を保っている」とは必ずしもいえそうにない。

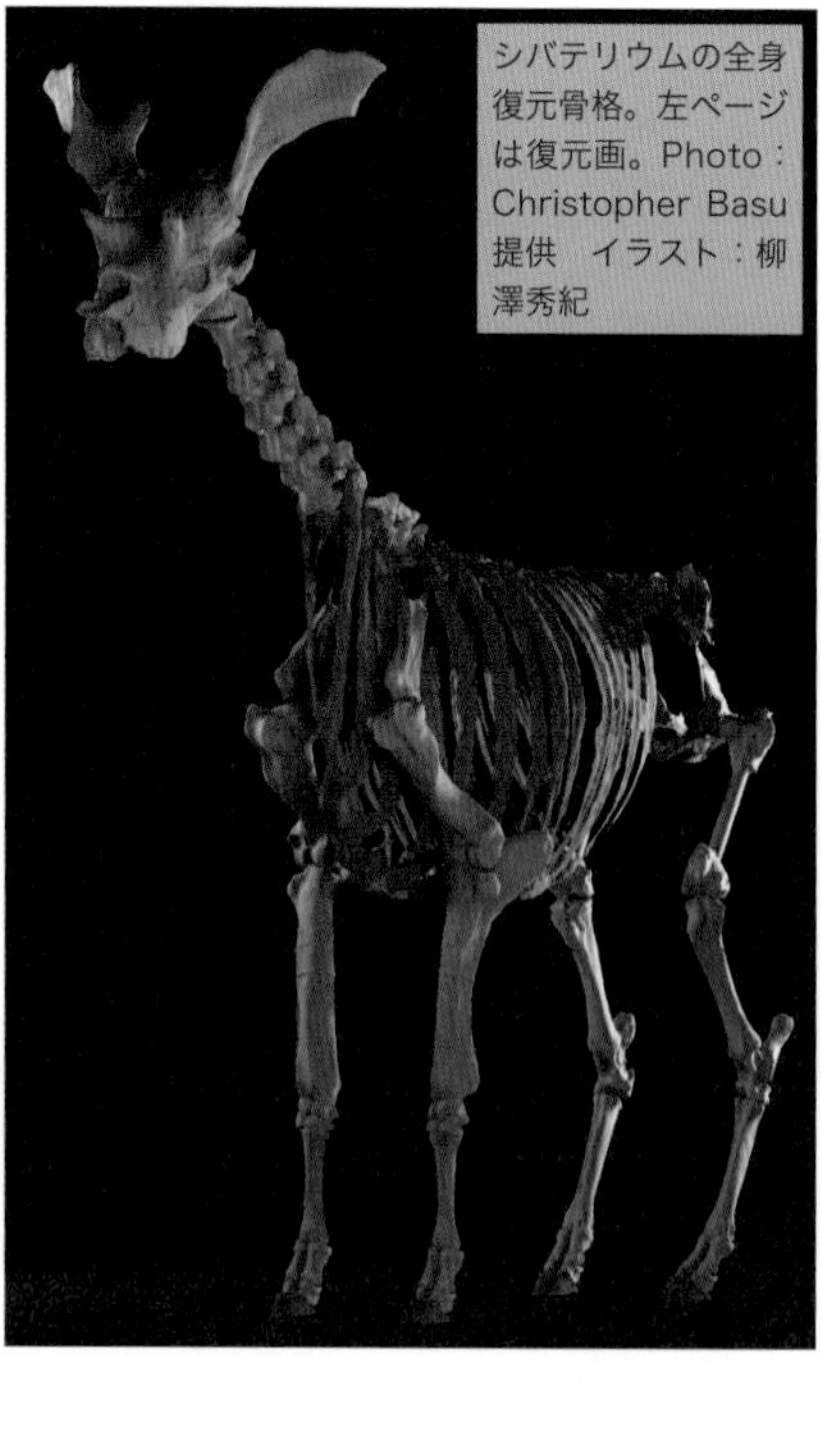

シバテリウムの全身復元骨格。左ページは復元画。Photo：Christopher Basu提供　イラスト：柳澤秀紀

先ほど書いたように、キリン類の祖先は中新世に登場したと

され、この段階では確かに首は長くなかった。

その後、キリン類における進化は、〝キリンへ続く系譜〟と、〝オカピにつながる系譜〟に袂を分かつことになる。ダノウィッツたちの研究では、この「袂を分かつ」段階で、キリン類には〝首が長くなりかける兆候〟が確認できるという。

そして、オカピへの系譜で鮮新世に登場した「**シバテリウム**(*Sivatherium*)」の段階で、首が短くなり始めていたという。オカピの系譜では、「長くなりかけていた首が短くなる」という進化があった可能性が指摘されているのだ。

ちなみに、シバテリウムの姿は、キリンやオカピというよりは、ヘラジカ(*Alces alces*)を彷彿とさせる。シバテリウムは、キリンやオカピのようなシンプルなツノではなく、ヘラジカのように翼のように広がったツノを備えているのだ。2016年に王立獣医学校(イギリス)のクリストファー・バースたちが3次元モデルを構築し、頭胴長3

メートルほどのそのモデルから体重を推測したところ、体重は最大で1・5トンを超えたと計算された。この体重は圧倒的巨体であるキリンとさほど変わらない。ひょっとしたら、シバテリウムは、かなりでっぷりとしたキリン類だったのかもしれない。

猿人の時代へ

人類は、中新世のアフリカに登場した。

しかし、初期人類に関してはその化石が断片的で、わかっていることはけっして多くない。鮮新世になって、情報豊富な……つまり、全身の大部分が揃った化石が残る人類が登場することになる。

【アルディ】

中新世と鮮新世の境界付近のエチオピアに、新たな人類が登場した。

「アルディピテクス(*Ardipithecus*)」だ。この名前(属名)をもつ種は複数ある。その中でとくに多くの情報を残している種は、「**アルディピテクス・ラミダス**(*Ardipithecus ramidus*)」。通称「**ラミダス猿人**」である。

アルディピテクス・ラミダス。
イラスト：月本佳代美

ラミダス猿人の化石については、1994年に発見された全身化石が有名だ。「アルディ」との通称がつけられた(「ラミダス猿人」の「アルディ」と、二つの通称が重なる)。

アルディは身長約1・2メートル、体重約50キログラムの女性とみられている。「人類」とはいっても、どちらかといえば、「類人猿」に近い風体をしていたとされ、とくに頭蓋骨の形状や腕、手、脚に類人猿との共通点が多い。実際のところ、**アルディは陸上を直立二足歩行をすることもできたとされるが、樹上生活にも適応**していたという。

ここに出てきた「直立二足歩行」とは、背骨と脚の骨を地面に垂直に立てて歩く歩行様式のことだ。これは人類だけがもつ特徴であり、人類を定義づける特徴の一つでもある。アルディには、〝一応〟この特徴が確認できるという。

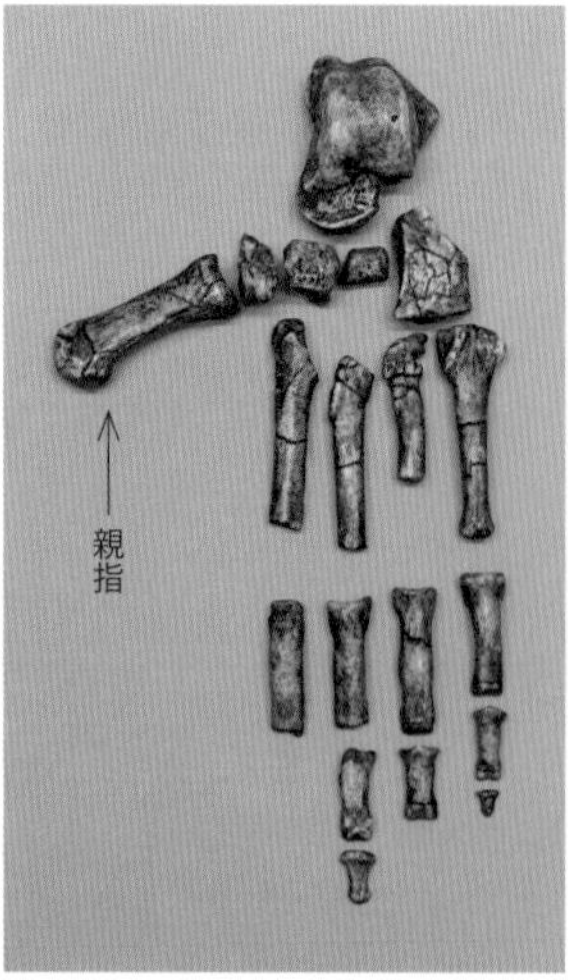

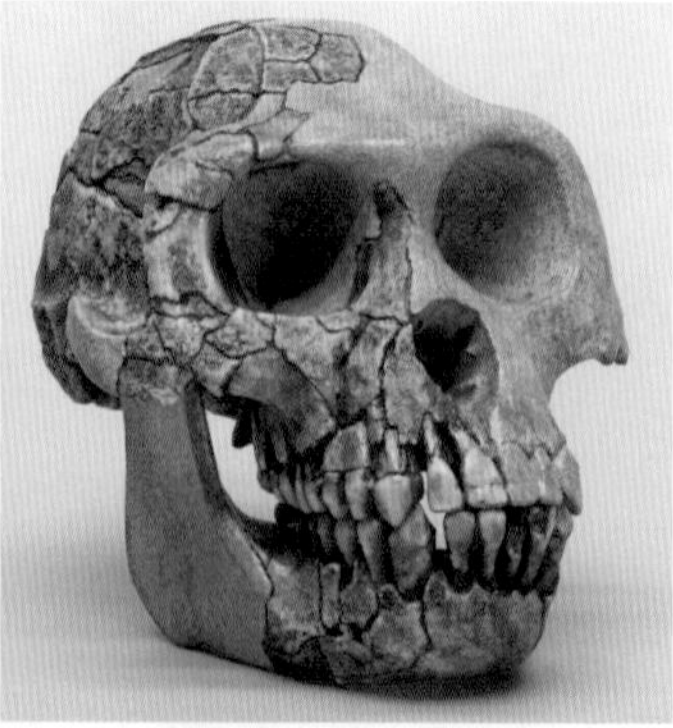

アルディピテクス・ラミダスの頭骨(右/黄色の部分が発見された部位)と左足の骨(左)。親指に注目されたい。〝完全な直立二足歩行〟であるヒトとの足のちがいがわかるだろう。Photo:アフロ

鮮新世になって、アルディの時代になって、人類はすっくと立ち上がり、歩き始めたのだ。

【ルーシー】

アルディピテクスにやや遅れる形で、タンザニア、エチオピア、ケニアなどに「アウストラロピテクス（*Australopithecus*）」が登場した。こちらは、「アファール猿人」の通称で知られる「**アウストラロピテクス・アファレンシス**（*Australopithecus afarensis*）」が有名だ。

アファール猿人は、1974年に発見された「ルーシー」の通称で知られる女性の化石が有名である。

ルーシーの身長は約1メートル、体重は約30キログラムほどとかなりの軽量だ。

ルーシーなどのアファール猿人は、ラミダス猿人と比べるとかなり"ヒトっぽい"。直立二足歩行はもちろんのこと、足には「土踏まず」があり、親指を含め

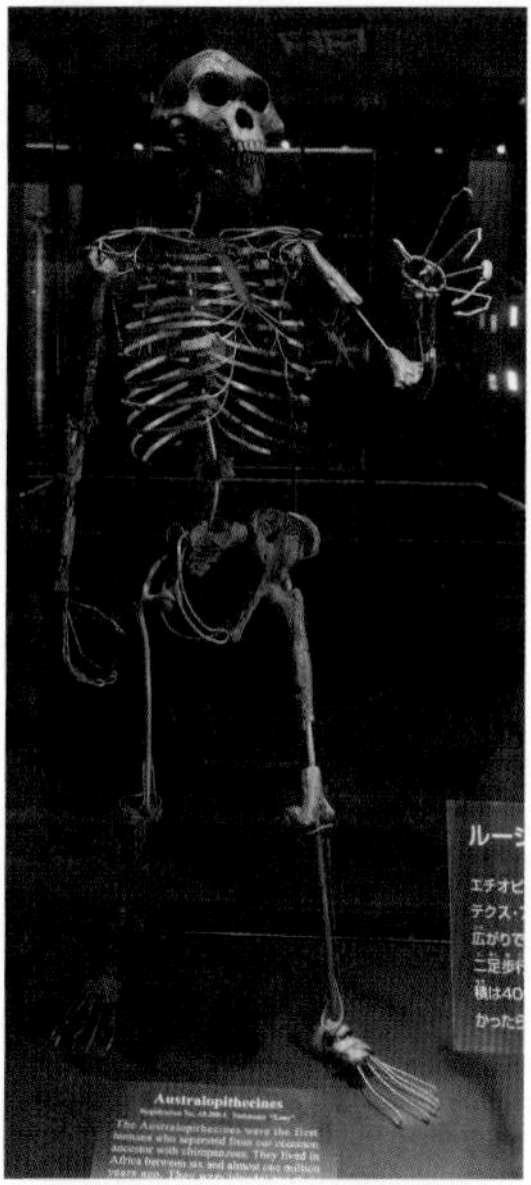

アウストラロピテクス・アファレンシス「ルーシー」の全身復元骨格。国立科学博物館地球館地下2階に展示。110cm。Photo：本社写真映像部

イラスト：柳澤秀紀

アウストラロピテクス・アファレンシスのものとみられる足跡。タンザニアで1978年に発見されたもので、約70mにわたって残っていた。大きな足跡と、小さな足跡が寄り添うように連なっている。親子だったのかもしれない。なお、画像右に向かって残る別の足跡は、ヒッパリオン（129ページ参照）のものとされる。Photo：アフロ

てすべての足の指は正面を向いていた。これは、地上歩行へ適応したことを意味しており、樹上生活が得手ではなかったことを示唆している。そのほか、大きな歯やがっしりとした顎、大きく張り出した頬骨などを備えていた。いずれも、私たち現生人類に近い特徴だ。

ルーシーは、アファール猿人について多くの情報をもたらした個体だけれども、一つの大きな謎を抱えていた。

随所に原因不明の大きな傷があったのだ。

2016年、テキサス大学オースティン校(アメリカ)のジョン・カッペルマンたちは、ルーシーの傷を分析した結果を発表した。

カッペルマンたちの分析によると、ルーシーの傷は、「相当高い場所から落ちた傷」であるという。地面に衝突したときのその速度は、実に時速60キロメートルに達したと計算されている。

この衝撃によって、全身の骨が折れ、内臓が傷つけられ、そして、即死したとカッペルマンたちは指摘している。カッペルマンたちは、背の高い樹木に登っていたルーシーが、何らかの理由で落下したと考えている。

ただし、先に書いたように、アファール猿人は、地上歩行には〝向いて〟いても、樹上生活にはあまり〝向いて〟いない。そんなアファール猿人のルーシーが、なぜ、そんなにも高い樹木に登っていたのかは謎だ。

もっとも、「そもそも、傷は生存時のものではなく、致命傷となったものではなく、死後にできたものではないか」との指摘もある。

大きな帆立

【氷山戦略者】

中新世においては、「厚い牡蠣」として、「アツガキ」こと「クラッスオストレア・グラヴィテスタ」を紹介した。

鮮新世では、「厚い帆立」を紹介しよう。

「**フォルティペクテン・タカハシイ**(*Fortipecten takahashii*)」である。通称、「**タカハシホタテ**」だ。

タカハシホタテは、中新世末の北海道近海に出現し、鮮新世にはカムチャツカ半島沖から東北地方沖にまで生息域を広げた。大きな個体では、殻の横幅が15センチメートルを超えるサイズで、上から見た印象では「大きなホタテ」である。あまりちがいを感じないかもしれない。

ただし、側面から見ると、ホタテ(ホタテガイ：*Mizuhopecten yessoensis*)とのちがいは一目瞭然。ホタテはさほど厚みがないけれども、タカハシホタテは右殻が大きく膨らんでいる。その厚みは、5センチメートルを超える。

「タカハシホタテ」ことフォルティペクテン・タカハシイ。側面から撮影している。標本の殻幅が約12cm。Photo：オフィス ジオパレオント

もっとも、この〝どっしりとしたスタイル〟は、成長したのちのものだったらしい。幼いころのタカハシホタテは、ホタテ並みに平たかったことがわかっている。若いころのタカハシホタテは、殻と殻の隙間からジェット水流を噴出して泳いでいたとみられている。なお、「ホタテが泳ぐ？」と思われた方は、インターネットで「ホタテ」「遊泳」を検索してみてほしい。「泳ぐホタテ」の動画は多数上がっている。

タカハシホタテの場合、成長にともなって、右殻が大きくなり、海底にどっしりと構えるようになったとみられている。**遊泳能力を捨て、防御性能を上げたのだ。**こうした、高い防御力で海底で安定感を高め、さらに、殻の口を海底から高くすることによって、海底を歩く捕食者が殻口にアクセスしにくくする〝生き様〟を「氷

タカハシホタテの生態復元画。詳細、本文参照。
イラスト：柳澤秀紀

山戦略」という。かつては、タカハシホタテ以外にも氷山戦略者を見ることはできたけれども、現在の海底では姿を消している。

ちなみに、「フォルティペクテン・タカハシイ」の「タカハシイ(*takahashii*)」、つまり、「タカハシホタテ」の「タカハシ」は、1930年の命名時に中学校教師の「S・タカハシ」氏に献名されたことに由来する。この「S・タカハシ」氏について、実は詳しいことがわかっていなかった。樺太《からふと》(現・サハリン。当時、樺太は日本領だった)の中学校の教師の、おそらく「高橋」氏と思われていたものの、どのような人物なのか、特定されていなかったのだ。

2017年になって、北海道教育大学釧路《くしろ》校の松原尚志たちの文献調査によって、この

「S・タカハシ」氏が、樺太庁大泊《おおどまり》中学校博物課の高橋周一教授であると初めて特定された。日本を代表する化石二枚貝類の一つ、タカハシホタテの由来は、近年になって特定されたのである。

コラム：日本へやってきた長鼻類と伝説

第2章本編では、「日本へやってきた長鼻類」として、ステゴドン類を紹介した。ステゴドン類はその後、日本で大いに繁栄していく（第3章も注目されたし）。

ただし、「日本に最初にやってきた長鼻類」は、実は、ステゴドン類ではない。

中新世の前期にあたる約2000万年前、日本に最初にやってきた長鼻類は、「ゴンフォテリウム類」と呼ばれるグループに属している。

ゴンフォテリウム類は、当時の世界で栄えていたグループである。上下の牙が発達、頭が前後に長いという独特の顔つきをしていた。

日本最古の長鼻類として知られるゴンフォテリウム類には、「ゴンフォテリウム・アネクテンス（Gomphotherium annectens）」という学名がある。「アネクテンスゾウ」とも呼ばれるこのゴンフォテリウム類の化石は、岐阜県御嵩町で発見されたものだ。

ステゴドン類にゴンフォテリウム類、そして、これらのグループに属さない長鼻類の化石も日本各地から発見されている。かつての日本は「長鼻類大国」であり、〝ごく普通に〟この巨獣たちを見かけることもできたのかもしれない。

しかし、やがて長鼻類は日本から消える。各地に残された長鼻類の化石は、のちに発見されると「龍骨」として扱われるようになった。妙薬の材料として重宝されることもあったという。江戸時代には、〝龍骨の正体〟を巡って、識者たちによる論争も行われた。その論争は、「龍骨論争」として、記録に残されている。

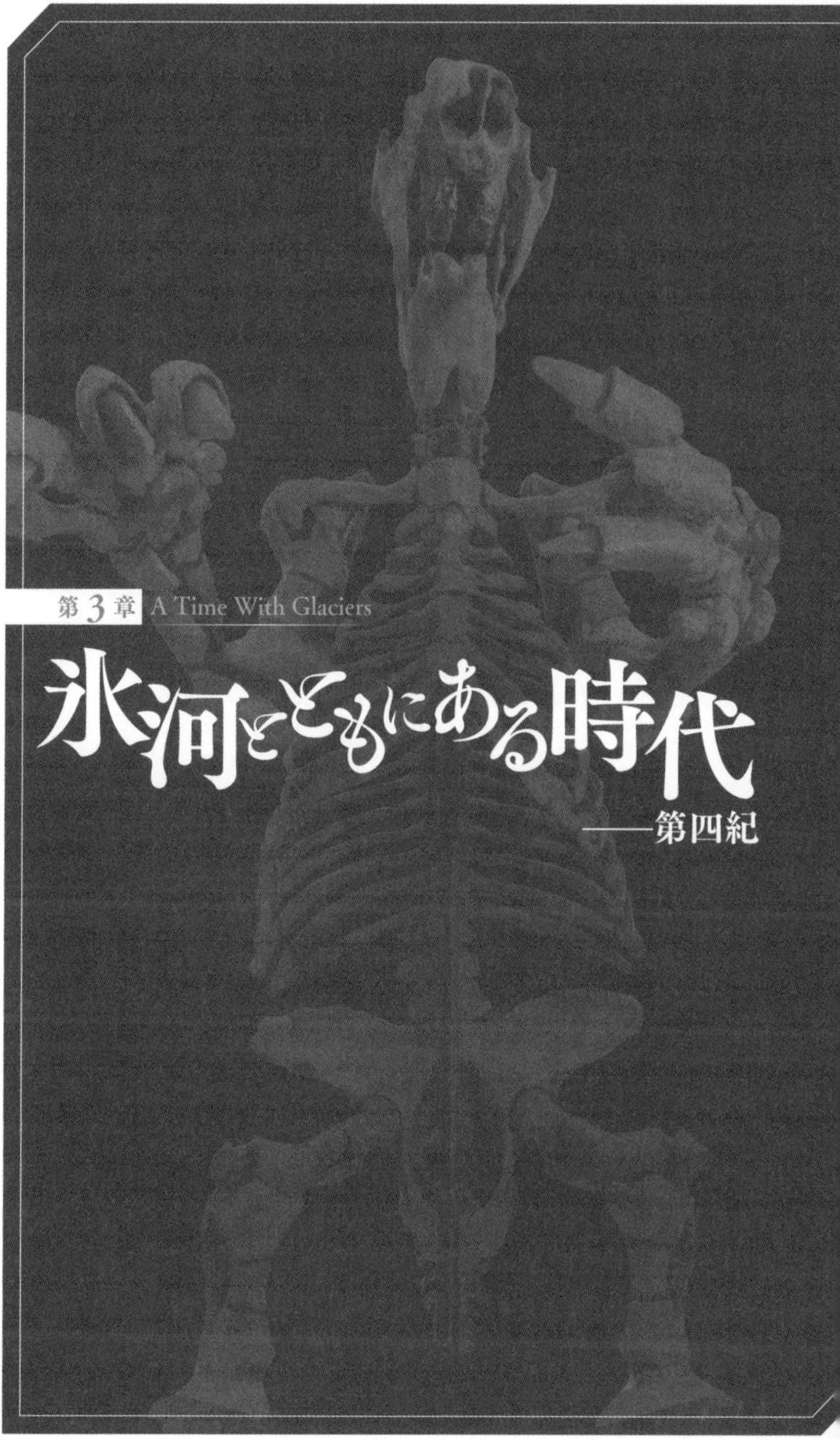

第3章 A Time With Glaciers

氷河とともにある時代

——第四紀

約258万年前から現在までの期間を「第四紀」という。これまで見てきた「紀」の中で、最も短いこの期間は、約1万1700年前を境として古い「更新世」と新しい「完新世《かんしんせい》」に分けられている（受験的な覚え方で言えば、鮮やかさが更に進んで完成する、ということになる。つまり、新生代の「世」は、「暁があって始まり、漸次進んで中ばに至り、鮮やかさが更に進んで完成する」……と筆者は、受験のときに覚えた）。

……更新世と完新世に分けることができるけれども、多くの生物がこの境界を超えて活動した。そこで本書では、この第3章に限り、「世」で節を分けることなく、「第四紀」として、話を進めていきたい。

さて、新第三紀の後半で急激に冷え込んだ地球は、第四紀に入って〝寒さの底〟に到達した。現在でこそ、平均気温は約15℃にまで〝回復〟しているけれども、2021年のスコテーゼたちの論文によれば、更新世末にあたる約2万年前の平均気温は約11℃しかなかった。現代の東京でいえば、「11月の下旬のような気温」が「地球の年間平均気温」だったのだ。これほどの寒さに見舞われたのは、古生代ペルム紀の前半期以来である。つまり、〝つい最近〟まで、**約2億9000万年ぶりの極寒期**だったのだ。かつて、落下した隕石によって「衝突の冬」が訪れた中生代白亜紀末でも、ここまでの冷え込みはなかった。

第四紀の始まりから現在に至るまで、地球には必ず氷床が存在している。故に、第四紀は、

「氷河時代」とも呼ばれている。この氷河時代は、より寒い「氷期」と、やや温暖な「間氷期」を繰り返してきた。このサイクルには、天体としての地球の運動が関わっている。木星や土星の引力の影響を受けた公転軌道のわずかなずれ、地軸の傾きのほんのわずかな変化など、そうした「わずか」の組み合わせで、氷期と間氷期のサイクルが出現したとみられている。

氷期と間氷期のサイクルの中で、〝最後の氷期〟が終わったのは、約1万1700年前のことである。最終氷期には、ユーラシアの北部、北アメリカの五大湖以北のほとんど、グリーンランド全域が厚さ3000メートルという分厚い氷に覆われた。南半球でもアルゼンチン、チリ、ニュージーランドなどが氷床下にあった。また、各地の標高の高い場所でも山岳氷河が発達していた。

氷河の材料である水分は、海から供給されている。そのため、氷期が訪れるたびに、海から水分が〝奪われ〟て海水準は低下した。最終氷期には、現在よりも70メートルも海水準が低かったとみられている。現代のビルでいえば、20階以上の高さに相当する。あなたのお近くの「20階建てのビル」は何だろうか？　そのビルの高さ以上も、海水準は低かったのだ。その結果、浅い海は陸地となり、暖かい時代には隔離されていた地域も海面から顔を出した〝陸橋〟によってつながった。

この時代、大陸配置そのものは、現在とほとんど変わりない。ただし、氷期の地球では、海水

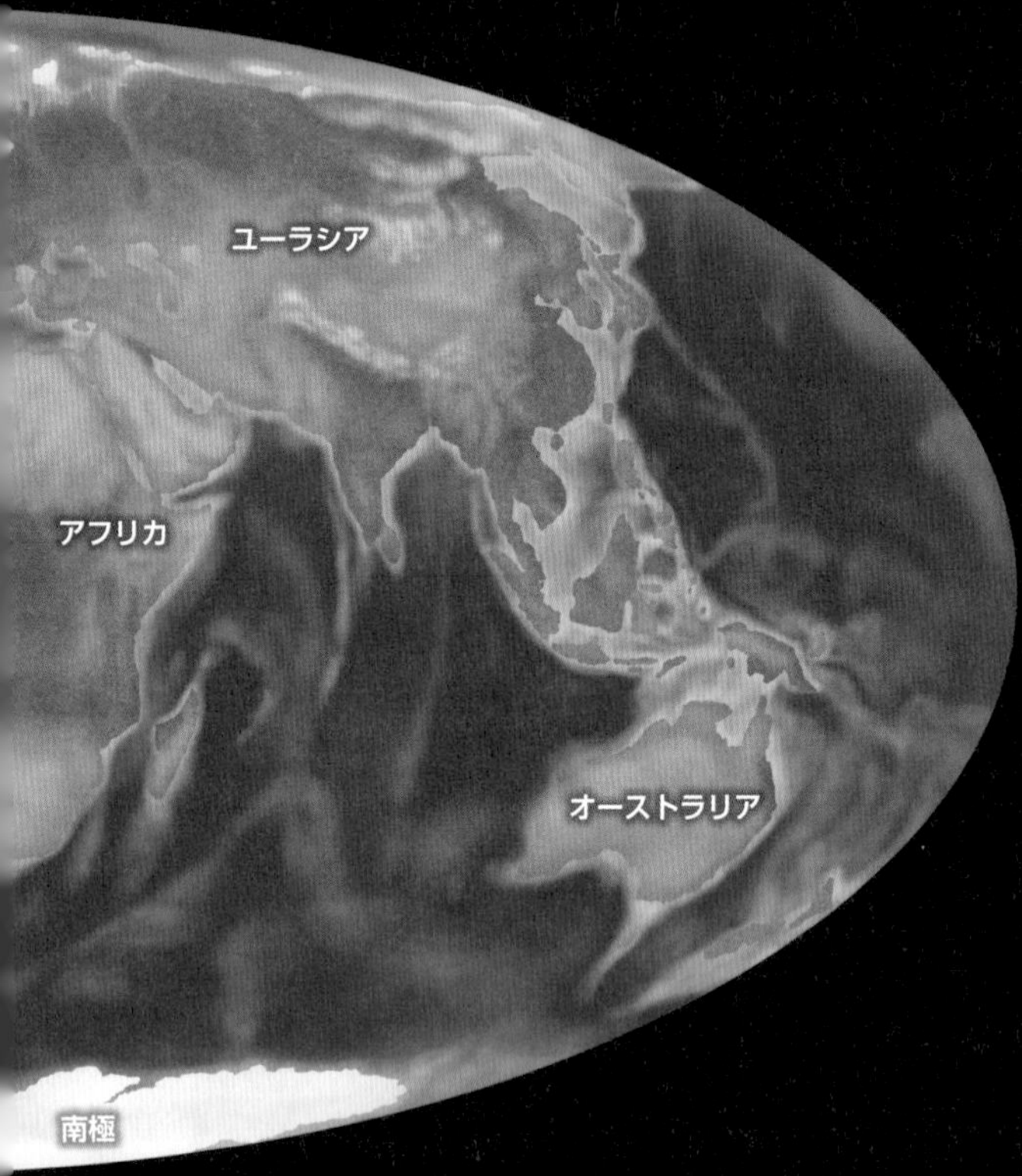
ユーラシア
アフリカ
オーストラリア
南極

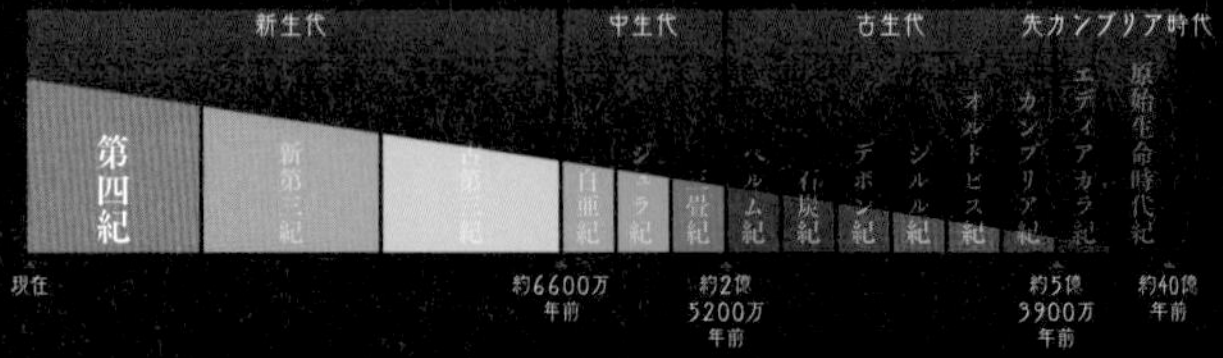
新生代
中生代
古生代
先カンブリア時代
第四紀
新第三紀
古第三紀
白亜紀
ジュラ紀
三畳紀
ペルム紀
石炭紀
デボン紀
シルル紀
オルドビス紀
カンブリア紀
エディアカラ紀
原始生命時代紀
現在
約6600万年前
約2億5200万年前
約5億3900万年前
約40億年前

第四紀更新世の地球。大きく広がった氷床が、氷河時代であることを物語っている。

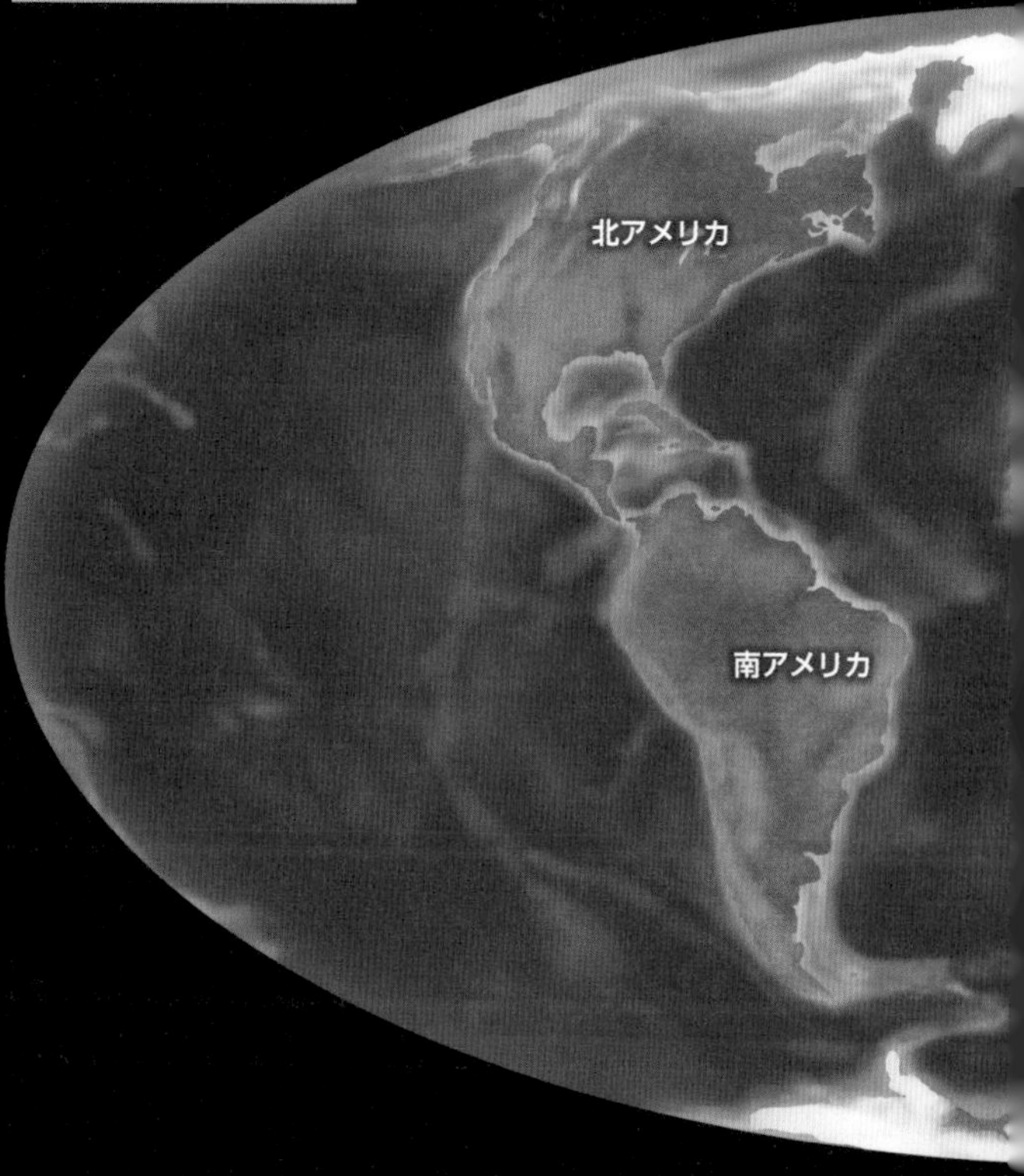

地図は、Ronald Blakey（Northern Arizona University）の古地理図を参考に作成。
イラスト：柳澤秀紀

準低下によって、各地の連結があったことが特徴だ。これは、動物にとって「歩いて行くことができる」エリアが増えたことを意味している。寒さの厳しい時代でも、寒さの厳しい時代だからこそ、動物たちはその生息域を広げ、あるいは、交流していった。

極寒の大陸に生きた哺乳類

【広大な分布域を誇ったマンモス】

仮に「氷期を代表する古生物を一つ挙げる」としたら、多くの人々が「**ケナガマンモス**」を挙げるにちがいない。長鼻類の、ゾウ類に属する動物だ。

ケナガマンモスの肩高は3・5メートルほど。「マンモス」と聞くと「大きい」と思い浮かべる読者もいるかもしれないが、実際のところは、現生のアフリカゾウ(*Loxodonta africana*)と比べても、特段に大きいわけではない。多くの長鼻類と同じようにケナガマンモスにも長い牙があり、長い牙は外側に大きく湾曲したのちに、先端はやや内側を向く。大きな臼歯は、歯冠が細かな洗濯板状になっており、植物をすりつぶすことに適していた。この臼歯は、現生のゾウたちと比べると進化的な特徴だ。

ケナガマンモスの学名を、「**マムーサス・プリミゲニウス**(*Mammuthus primigenius*)」という。

「**マムーサス**(*Mammuthus*)」の名前(属名)をもつ種は複数存在し、それらはすべて、いわゆる「マンモス」と呼ばれている。ケナガマンモスは、マンモスの代表的な種だけれども、他に、例えばヨーロッパには「**メリジオナリスマンモス**」こと「**マムーサス・メリジオナリス**(*Mammuthus meridionalis*)」や「**トロゴンテリーマンモス**」こと「**マムーサス・トロゴンテリ**(*Mammuthus trogontherii*)」が生息していたし、北アメリカには「**コロンビアマンモス**」こと「**マムーサス・コロンビ**(*Mammuthus columbi*)」がいたし、日本でも「**ムカシマンモス**」こと「**マムーサス・プロトマモンテウス**(*Mammuthus protomammonteus*)」がいた。ムカシマンモスの化石は、千葉県をはじめとして各地で発見されている。

こうしたマンモスの仲間たちは、アフリカを〝故郷〟とし、各地に広がり、進化を重ねたとみられている。

ケナガマンモスは、マンモスの仲間の中でも、とくに広い生息範囲を誇る。なにしろ、ユーラシアの北部の大半と、北アメリカの北部に分布していたのだ。日本でも、北海道に生息していたことがわかっている。日本のケナガマンモスは、海水準の低下した時期にサハリンを経由して歩いてやってきたらしい。なお、氷期であっても陸化せず、凍ることもなかったとみられている津軽海峡を渡ることはしなかったようだ。本州への侵入は確認されていない。

ケナガマンモスは、〝種としての生息期間〟も長かった。新第三紀の鮮新世には登場し、なん

ケナガマンモスは、更新世を代表する古生物の一つだ。北半球の広い地域で栄えるとともに、台頭した人類の獲物ともなった。イラスト：月本佳代美

と4000年前まで生きていたことがわかっている。40万年でも4万年でもない。4000年前だ。各地で人類文明が興っていた、そんな時代でも、北極海のウランゲリ島に生息していた。

なぜ、ここまでケナガマンモスは〝成功〟することができたのだろう？

実は、ケナガマンモスの〝成功〟の謎に迫る手がかりは、ケナガマンモスの化石に残されていた。他の多くの古生物では失われている「軟組織」が、永久凍土の中で残っていたのだ。いわゆる「冷凍マンモス」である。

一般的に、化石として残りやすいのは、骨や殻などの硬組織だ。筋肉や内臓などの軟組織が化石として残ることは珍しい。

しかし、ケナガマンモスは、寒冷な時代に寒冷な地域に生きていた動物だ。多くの遺骸は永久凍土の中に保存され、死後速やかに冷凍された。

永久凍土に保存された遺骸は、「冷凍庫のシチュー」と同じ現象を辿るといわれている。すなわち、当初は膨張するものの、時間とともに脱水し、体積が縮小する。その結果、干からびた遺骸となる。

干からびているとはいえ、体毛や毛、筋肉などはしっかりと残る。

ケナガマンモスの場合、いくつもの〝冷凍標本〟が発見されている。そうした標本を調べることで、ケナガマンモスの〝成功〟の一端を知ることができるのだ。

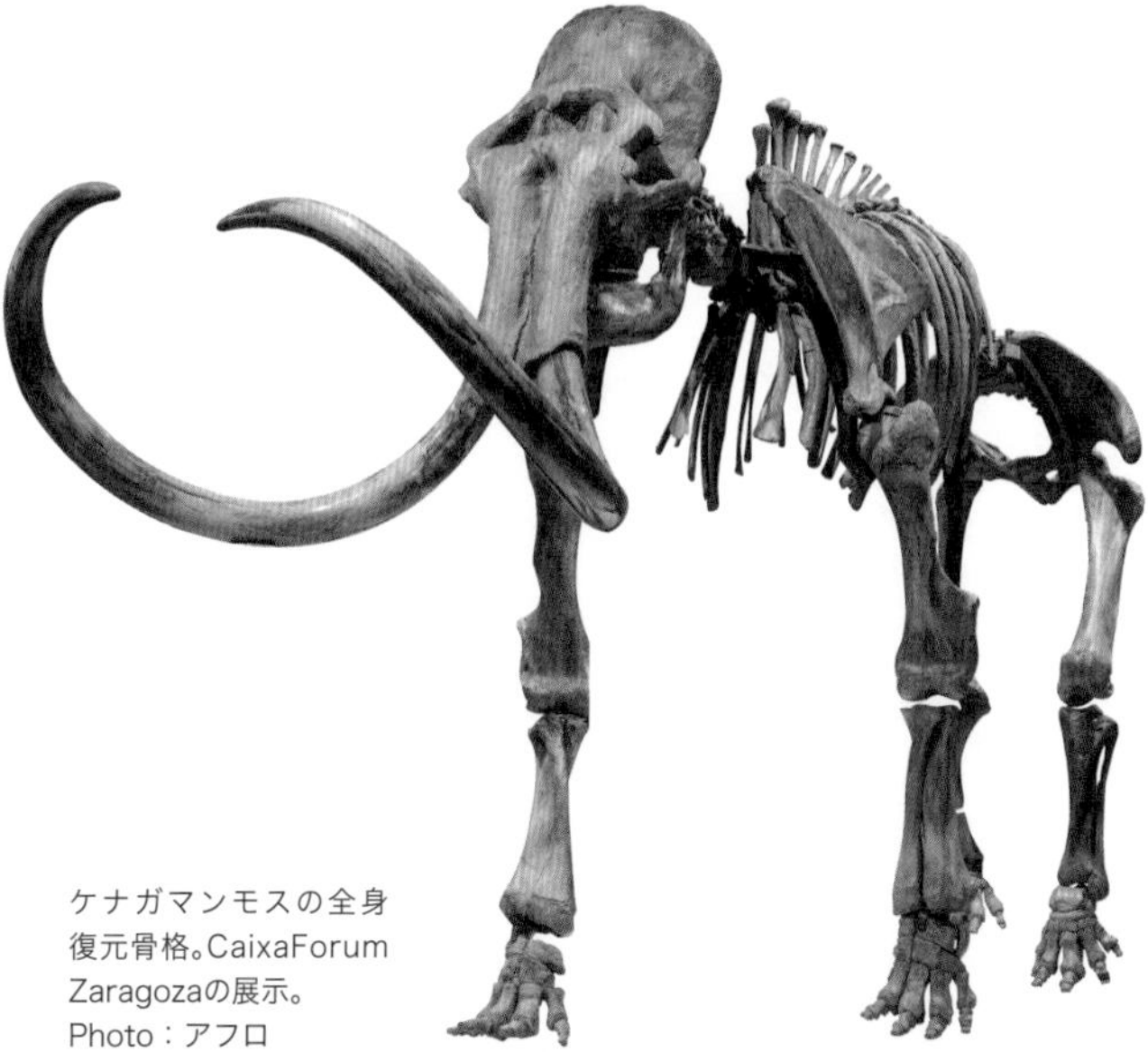

ケナガマンモスの全身復元骨格。CaixaForum Zaragozaの展示。Photo：アフロ

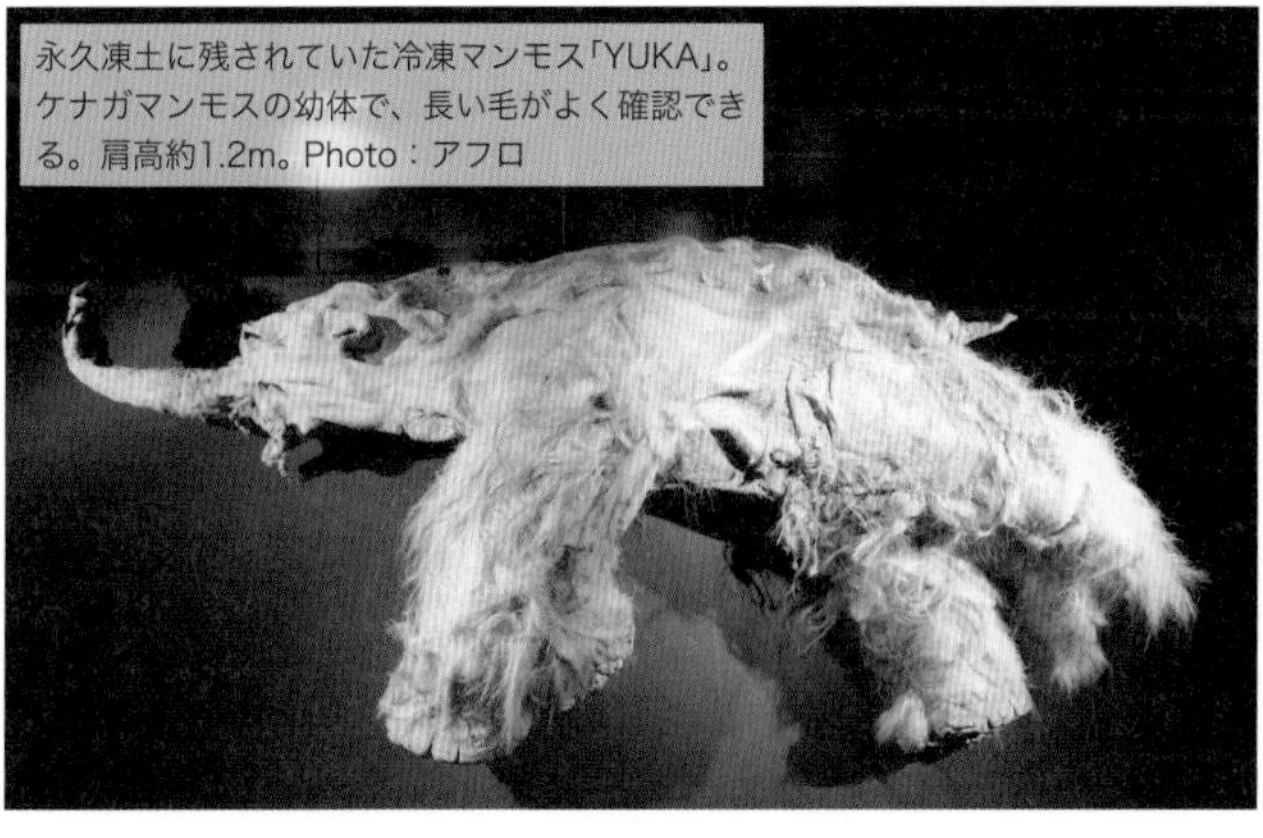

永久凍土に残されていた冷凍マンモス「YUKA」。ケナガマンモスの幼体で、長い毛がよく確認できる。肩高約1.2m。Photo：アフロ

まず、ケナガマンモスは、その字面が意味するように、長い毛で全身を覆っていた。

そして「放熱器官」としての役割を担う耳は小さい。現生ゾウ類のいずれよりも小型だ。

さらに、肛門は皮膚で蓋をすることができたという。肛門でさえ、熱の放出を最小限にしていたのである。

徹頭徹尾、ケナガマンモスは、体温が逃げることを防ぐ〝仕様〟だったのだ。

こうした耐寒仕様こそが、氷河時代を生き抜く上で大いに役立ったことは想像に難くない。

なお、当時の人類にとってもケナガマンモスはかなり〝有用な獲物〟だったらしく、肉は食料に、皮は衣服に、牙は針などに、骨は建材などに使われた。古生物と人類の関わりが強くなってきたことを実感する例といえるだろう。

【ホラアナで暮らした動物たち】

世界が冷え込んだ時代、一定の気温を保つ洞窟は、動物たちにとって寒さからの避難場所となり、そして、住処《すみか》となった。多くの動物たちが洞窟に逃げ込み、そして、暮らしていたようだ。ヨーロッパ各地の洞窟からは、そうした動物たちの化石がみつかっている。

2種ほど、紹介しよう。

まずは、「パンテラ・スペラエア（*Panthera spelaea*）」だ。英語で「Cave lion」、日本語で「ホラア

ホラアナライオン（手前）とホラアナグマ（奥）。イラスト：橋爪義弘

ナライオン」と呼ばれる大型のネコ類である。

ホラアナライオンは、頭胴長2・7メートルほど。現生のライオン（とくに雄）とほぼ同サイズだ。姿もよく似ている。ただし、現生のライオンの雄がもつような鬣《たてがみ》はなかったらしい。

この「鬣はなかったらしい」という情報は、冷凍マンモスのような〝冷凍標本〟にもとづいた情報ではない。鬣は軟組織であり、軟組織は化石に残りにくい。〝冷凍標本〟であれば、そんな軟組織も化石として残るけれども、これまでに発見されている〝冷凍標本〟の中に、鬣のあるホラアナライオンは発見されていない。「ない」ことを証明することは難しく、〝冷凍標本〟のホラアナライオンにないからといって、すべての個体に鬣がなかったとはいえない。

しかし、このころになると、人類によって古生

物の記録が残り始める。フランスのラスコー洞窟には、約2万年前の人類によって描かれた壁画がある。この壁画に、ホラアナライオンとみられる動物が複数描かれているのだ。そして、そのすべてのホラアナライオンの絵に鬣がなかった。こうした点から、「ホラアナライオンには鬣がなかったらしい」と判断されている。

もう1種は、「**ウルスス・スペラエウス**(*Ursus spelaeus*)」である。こちらは、「Cave bear」、すなわち「**ホラアナグ**

ホラアナライオンの全身復元骨格：Museum Siegsdorf所蔵。Photo：アフロ

マ」と呼ばれている。

ホラアナグマの頭胴長は約2メートル。現生のヒグマ（*Ursus arctos*）並みの体軀を誇る。ただし、ヒグマと比較して、頭骨が大きく、脚は短かった。『新版　絶滅哺乳類図鑑』では、「当時はもっとも恐ろしい動物のひとつだった」と評されている。

洞窟は、こうした動物たちにとっての戦場でもあった。

エミールラコヴィッタ洞窟学研究所（ルーマニア）のカユース・G・ディードリッヒは2009年に発表した論文

永久凍土から発見された冷凍ホラアナライオン「Sparta」（Photo：Siberian Times提供）。Spartaは生後数ヵ月の幼体とみられている。

で、ドイツの洞窟で発見されたホラアナグマの骨に、高い割合でホラアナライオンの噛み跡がついていたことを指摘した。

また、ディードリッヒは２０１１年に発表した研究で、ホラアナライオンの骨にも（稀ではあるが）共食いの結果とみられる痕跡が確認されたことを報告している。

洞窟の〝居住権〟を賭けて、あるいは、互いを獲物として、両種は争ったのかもしれない。

ディードリッヒの２００９年の論文では、ホラアナグマの骨は、幼体も成体も確認できるものの、ホラアナライオンの骨は成体のものばかりであることが指摘されている。ディードリッヒは、ホラアナグマは洞窟で子育てを行っていたことに対し、ホラアナライオンは洞窟を子育ての場として利用していなかった可能性があるとしている。

なお、当然のことながら、人類にとっても、洞窟は魅力的な空間だった。２０１０年、マックス・プランク進化人

ホラアナグマの全身復元骨格。Photo：アフロ

類学研究所のマシアス・サッターたちは、ホラアナグマは約2万5000年前から少しずつ個体数を減らしていた可能性があることを指摘している。そうして、約1万年前に滅んだという。サッターたちは、この〝緩やかな滅び〟の背景に、「洞窟を人類に奪われていった可能性」があったとしている。

【ヨーロッパのオオツノジカ】

ホラアナライオンの描かれたラスコー洞窟の壁画には、他にも複数種の動物の姿が残されている。その一つが、「**メガロケロス・ギガンテウス**(*Megaloceros giganteus*)」というシカだ。「メガロケロス」の名前(属名)をもつ種は複数報告されている。その中で、この「ギガンテウス」は最もよく知られている。

高い知名度のゆえんは、そのツノの大きさだ。メガロケロス・ギガンテウスの肩高は1.8メートルほど。現生のシカで最大種とされるヘラジカ(*Alces alces*)とほぼ同じ体格である。しかし、ヘラジカのツノの左右幅は2メートルほどであることに対し、メガロケロス・ギガンテウスのツノは実に3メートルに達した。日本の一般道の1車線分ほどの幅があるのだ。そのツノの途中ではいくつもの枝が出て、かつ途中で大きく広がっている。

この巨大なツノ故に、メガロケロス・ギガンテウスは、「**オオツノジカ**」あるいは「**ギガンテウ**

メガロケロスの全身復元骨格(上)と復元画(左)。全身復元骨格は、パリ国立自然史博物館所蔵。Photo：オフィス ジオパレオント
イラスト：柳澤秀紀

スオオツノジカ」と呼ばれている。

ちなみに、英語では「Irish elk」や「giant elk」と呼ばれることもある。「elk」は、ヘラジカの意である。「Irish elk」は「アイルランドのヘラジカ」、「giant elk」は「大きなヘラジカ」を指している。これはいささか紛らわしい英名で、メガロケロス・ギガンテウスの化石はアイルランドでも産出するものの、アイルランドだけでみつかるわけではなく、ヨーロッパからアジアにかけての広い地域で発見されている。そして、何よりも、メガロケロス・ギガンテウスとヘラジカ(elk)の間に祖先・子孫の関係があるわけではない。

【ユニコーンのモデル？】

建材などに利用されたケナガマンモスや、洞窟壁画の残るホラアナライオン、ギガンテウスオオツノジカなどの例をみても、第四紀の古生物は、人類の活動と密接に関わっている。ホラアナライオンやギガンテウスオオツノジカのように壁画に残された例もあれば、その姿を見た人類が、〝怪異〟を創造したのではないか、という例も出てくる。

例えば、「**エラスモテリウム**(*Elasmotherium*)」だ。

エラスモテリウムはサイ類の一員で、頭胴長は約4・5メートル、肩高は約2メートルに達した〝がっしりとした姿〟である。現生のサイ類と同じく、そのツノは毛と同じケラチンでできており、化石では確認されていない。しかし、エラスモテリウムの頭骨の額には大きな膨らみがあり、この膨らみを土台として、長いツノがあったとみられている。この膨らみは現生のサイ類の頭骨にも確認できるもので、それ故に「ツノの土台」と解釈される。そして、エラスモテリウムの膨らみは、サイ類の膨らみよりもはるかに大きかった。この点に注目し、エラスモテリウムのツノは、かなり長く、大きかった可能性があるとされる。

そして、エラスモテリウムをモデルとして創造されたとされる〝怪異〟が、「ユニコーン」である。

ユニコーンといえば、「ウマ(とくに白馬)に似た体躯で、ただし、蹄は二つに割れていて、額から螺旋を描く長いツノが伸びる」という姿を思い浮かべる人も多いだろう。その姿とエラスモテリウムを比較すると、「額から長いツノ」という点以外は類似点はないように思えるかもしれない。

エラスモテリウムの全身復元骨格。頭部にある〝台のようなつくり〟が、長いツノがあったことを物語っている。Azov Paleontological Museum所蔵。 Photo：アフロ

しかし実は、この〝よく知られたユニコーン像〟はのちの時代につくられたもののようだ。西暦初頭に活躍したローマの博物学者であるプリニウスが、著書『プリニウスの博物誌』にその姿らしきものを記録している。この記録によると、**〝ユニコーンの姿〟は、「1本ヅノのウシであり、ウマにも似ていて、頭は雄ジカ、足はゾウ、尾はイノシシに似ている」という**。このイメージで考えると、なるほど、エラスモテリウムの生態復元とも被りそうだ。

なお、『博物誌』によるとこの動物の生息域は〝インド〟とのこと。エラスモテリウムの化石も中央アジアから多数報告されている。かつて、**「生きているエラスモテリウム」を見た人々が伝承の形でその姿を残し、やがて、ローマへと伝わって、ユニコーンの〝原型〟になったのかもしれない**。

……と連想するのはとても楽しいけれども、今のとこ

エラスモテリウムの復元画。イラスト：柳澤秀紀

ろ「エラスモテリウム＝ユニコーンのモデル」の話は、あくまでも「話のネタ」である。もしもあなたが、エラスモテリウムを誰かに紹介する機会があれば、〝ネタの一つ〟として抽斗《ひきだし》から出していただければ、幸いだ。なお、こうした〝お話〟を好物とする方は、ぜひ、拙著『怪異古生物考』をご覧いただきたい。

北アメリカの〝楽園〟

涼しくなった第四紀。哺乳類は世界各地で大いに栄えていた。

それは、人類が「文明」の名のもとに版図を広げていく〝直前〟まであった光景だった。ここから先は、地域ごとに、代表的な種類をいくつか挙げていこう。

まずは、北アメリカだ。広大な北アメリカからは、これまでの地球史と同様に、多くの古生物の化石が産出する。哺乳類に的をしぼり、4種類を紹介したい。

【サーベルタイガーの代名詞】

ネコ型類が台頭して以来、さまざまな「サーベルタイガー」が出現した。

そうしたサーベルタイガーの中で、その代名詞ともいえる存在が鮮新世の北アメリカに出現した。更新世末までその生態系の頂点に君臨したネコ類、「スミロドン(*Smilodon*)」である。

複数種が報告されているスミロドン属は、どの種もがっしりとした体軀をもつ。四肢は短く、筋肉質で、もちろん犬歯は長く、その犬歯を用いるために、下顎は120度まで開いたとされている。種によっては肩高は1メートルを超え、あるいは頭胴長は1・7メートルに達した。

他の多くのネコ類と同じように、最大の武器はその筋肉質の前肢が繰り出す「ネコパンチ」だ。

2017年、カリフォルニア・ポリテクニック州立大学(アメリカ)のキャサリン・ロングたちは、スミロドンの幼獣を調べた結果を発表している。前肢の骨に注目し、他のネコ類と比較したこの研究では、スミロドンは幼い頃からがっしりとした前肢だったことが指摘された。つまり、スミロドンは、幼獣の段階ですでに、

マクラウケニアを襲うスミロドンの復元画。イラスト：アフロ

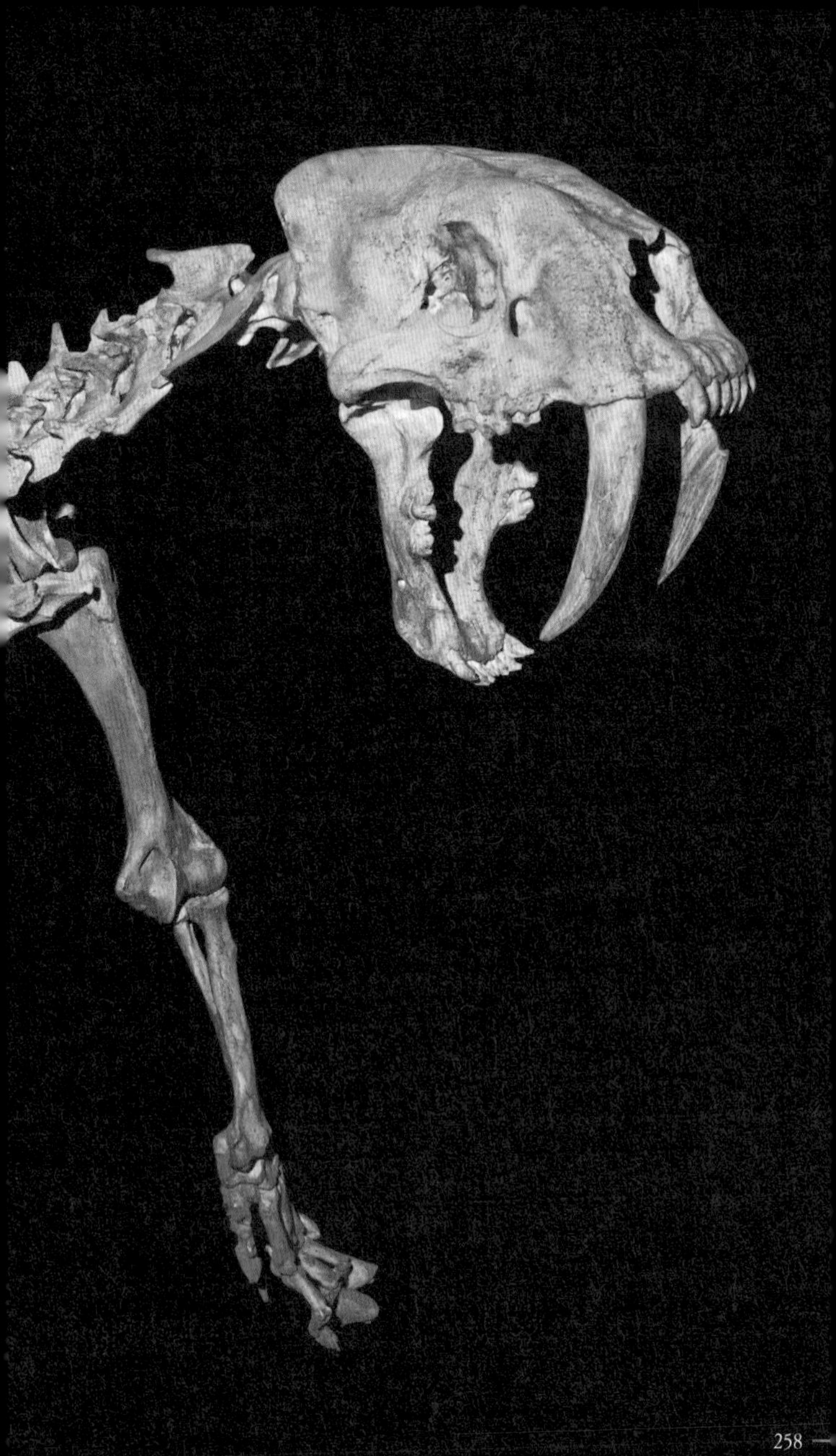

スミロドンの全身復元骨格。
Photo：アフロ

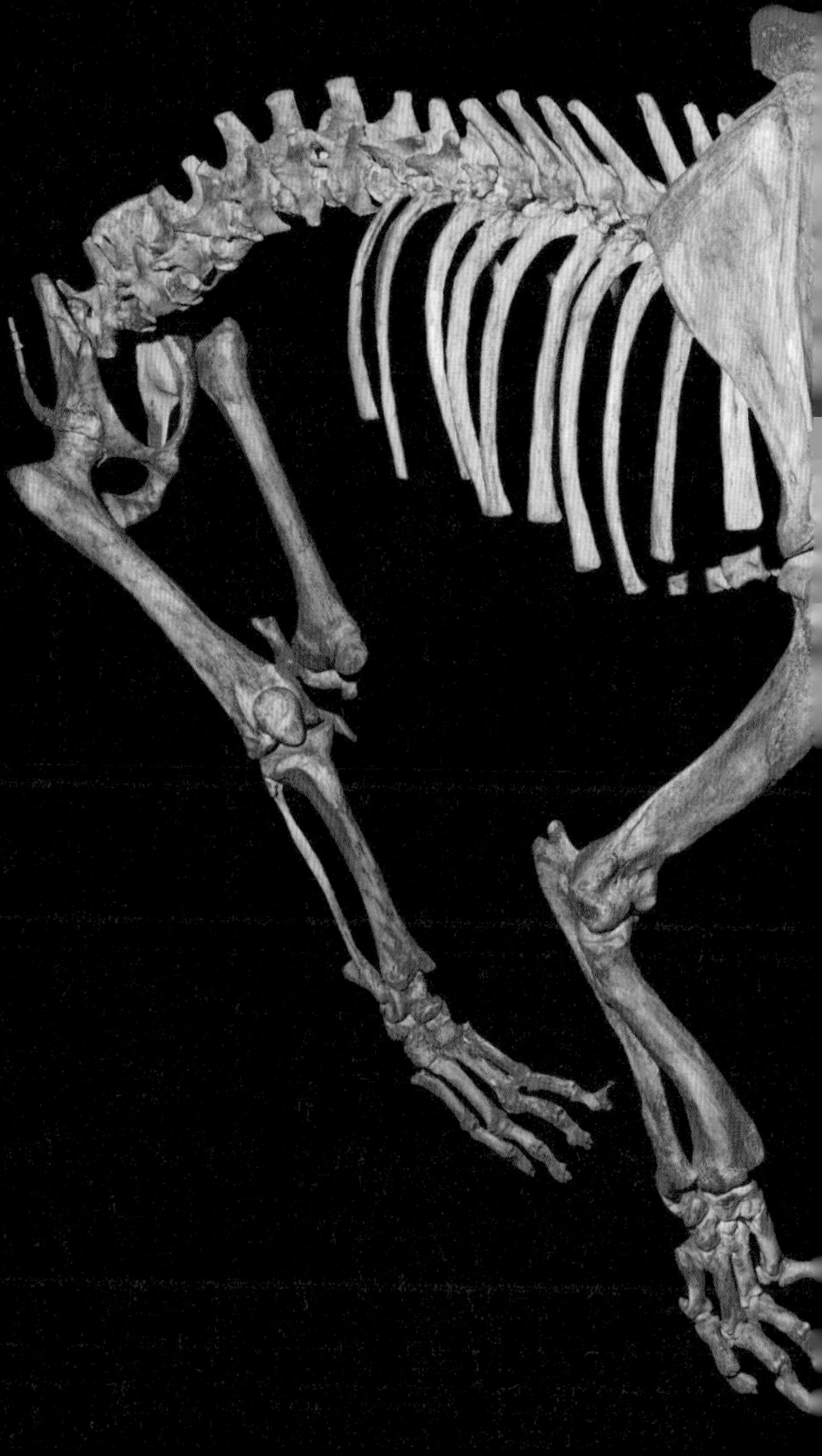

腕っぷしの強いネコ類だったようだ。マラガ大学（スペイン）のボルハ・フィゲイリードたちが2018年に発表した研究では、鮮新世のホモテリウムよりもスミロドンの方が前肢でがっしりと獲物を押さえ込むことができたことも示唆されている。

待ち伏せし、**獲物にネコパンチを繰り出して倒し**、**そのまま獲物を押さえ込み**、**長い犬歯でとどめを刺す**。そんな生き様が見えてきそうだ。

2017年にカリフォルニア大学（アメリカ）のケイトリン・ブラウンたちが発表した研究では、スミロドンの骨格が詳細に分析され、その肩や腰に〝負荷による損傷〟が多いことが指摘されている。なるほど、「待ち伏せし、獲物にネコパンチを繰り出して倒し、そのまま獲物を押さえ込み」という狩りをしていたのであれば、その損傷もむべなるかな。

そして、スミロドンといえば、北アメリカ、とくに大産地を擁するアメリカのロサンゼルスを代表する哺乳類だけれども、その化石は、実は南アメリカからも産出している。パナマ地峡の成立後、スミロドンは南進を開始。そして、アルゼンチンにまで到達していたらしい。

しかも、ウルグアイから発見されたスミロドンの化石は、かなりの大型だった。ウルグアイ共和国大学のアルド・マンズエッティたちが2020年に報告したそのスミロドンの推定体重は、400キログラムを超えるという。知られているスミロドンの個体の中で、最大級である。マンズエッティたちは、このスミロドンは3トン近い獲物を狩ることもできたとみている。

【ウルフじゃなかったダイアウルフ】

スミロドンが「北アメリカの第四紀を代表するネコ類」ならば、「北アメリカの第四紀を代表するイヌ類」は「**ダイアウルフ**」だろう。

ダイアウルフは、更新世に登場し、滅んだイヌ類だ。その名前が示すように、その骨格はオオカミ(*Canis lupus*)とよく似ており、イヌ類の中ではがっしりとしている。頭胴長は約1・5メートル、肩高は80センチメートル弱、体重は60キログラムを超えたとされる。大規模な群れをつくって行動していたとされ、ロサンゼルスからは1600を超える化石が同じ場所で発見されている。ちなみに、スミロドンの〝負荷による損傷〟を指摘したブラウンたちによる2017年の論文では、ダイアウルフも分析対象となった。この研究によると、ダイアウルフの骨格において〝負荷による損傷〟は手足に集中しているという。**イヌ類らしく「獲**

ダイア〝ウルフ〟。詳細、本文にて。イラスト：柳澤秀紀

物を長時間にわたって追いかけ、疲労したところを仕留める」という狩りをしていた結果とみられている。

さて、お気づきの方もいるかもしれない。「ダイアウルフ」というのは、「通称」である。つい最近まで、その学名は「カニス・ダイルス（*Canis dirus*）」が使われていた。オオカミやイヌと同じ「カニス」の仲間と位置付けられていたわけだ。

ただし、これほど新しい時代の化石ともなれば、遺伝子が残されている標本もある。カリフォルニア大学サンタクルーズ校のアンジェラ・R・ペリたちは、ダイアウルフの化石5個体から遺伝子採集をすることに成功し、2021年にその分析結果を発表した。この論文によると、ダイアウルフはオオカミやイヌと

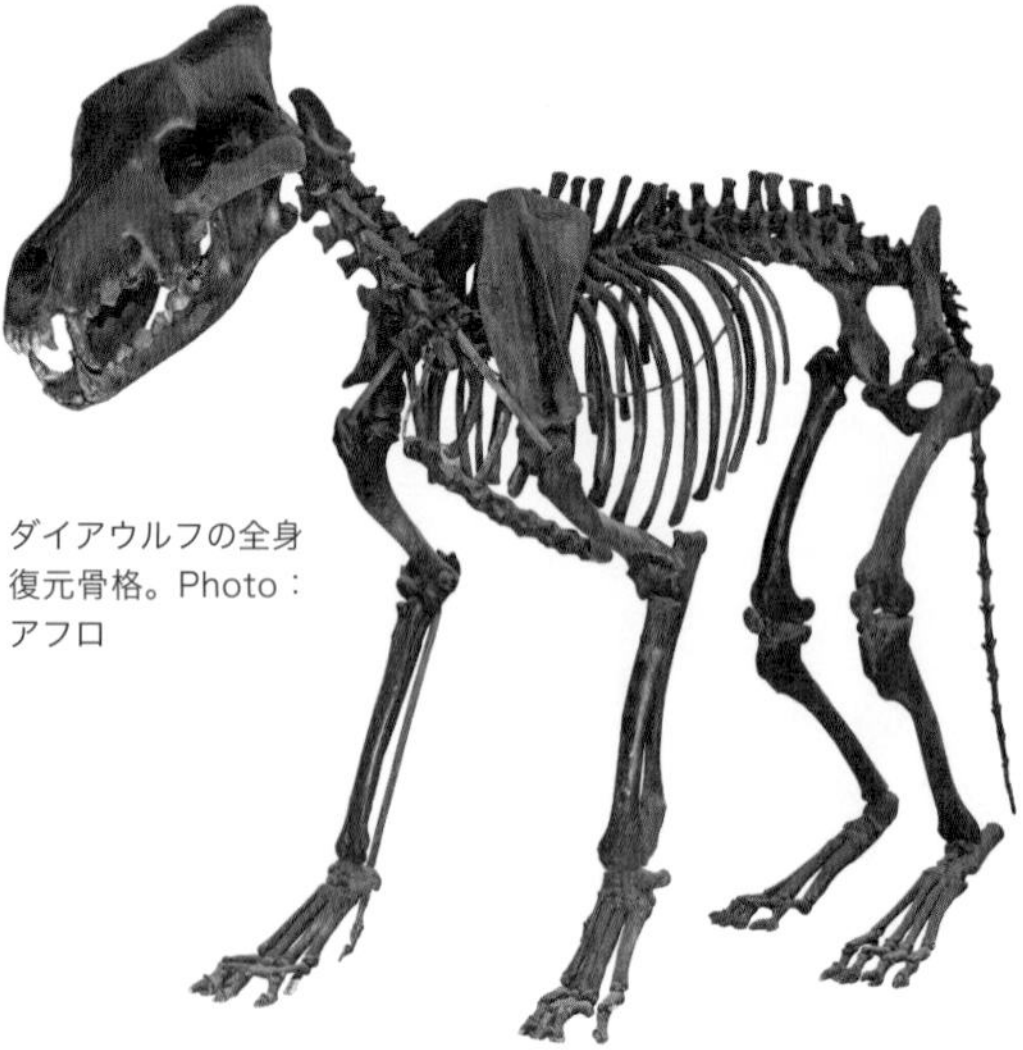

ダイアウルフの全身復元骨格。Photo：アフロ

近縁とはいえないらしい。むしろ、**同じイヌ類でも**、**セグロジャッカル**(*Lupulella mesomelas*)や**ヨコスジジャッカル**(*Lupulella adustus*)などに**近縁**だったらしい。カニスの仲間たちとはかなり早い段階で分かれ、それでも、オオカミとよく似た姿に進化したという。ペリたちは、この分析結果にもとづいて、「カニス・ダイルス」の属名変更を提唱し、かつて提案されたことがある「**アエノキオン・ダイルス**(*Aenocyon dirus*)」を採用している。こう考えると、「オオカミの仲間」を示唆する「ウルフ」という単語の妥当性も問題になりそうだ。遠からず、このイヌ類を別の通称で呼ぶことになるのかもしれない。

【〝ヒグマ〟に敗れた〝異様な(?)クマ〟】

イヌ型類のメンバーとして出現したクマ類では、鮮新世に〝強力なクマ〟が登場するに至っていた。そのクマは第四紀の北アメリカで大いに繁栄したものの、しかし、更新世後期に出現した〝後進〟によって絶滅に追いやられたとされる。

そのクマの名前を「**アルクトドゥス**(*Arctodus*)」という。

アルクトドゥスは、**頭胴長約2メートル**。**顔が短く**、**四肢が長いことで知られる**。『**新版 絶滅哺乳類図鑑**』において「**更新世の北アメリカではもっとも恐ろしい肉食動物の一つだったと思われる**」と**紹介されている**。**推定体重は**、**800キログラムとも**、**1トンともされる大型のクマだ**。

アルクトドゥスの復元画と全身復元骨格（左ページ）。四肢の長さに注目されたい。Photo：アフロ

ただし謎は多く、優れた狩人であったとも、腐肉食者だったとも、植物食者だったともされる。ともかくも、大型で"ちょっと変わったクマ"が当時の北アメリカには生息していたらしい。

なお、アルクトドゥスを絶滅に追いやったとされるのは、ヒグマ（*Ursus arctos*）である。現代日本でも北海道に生息するヒグマは、北アメリカではその亜種であるグリズリー（*Ursus arctos horribilis*）が更新世から現在に至るまで生息している。アルクトドゥスは、グリズリーとの生存競争に敗れ、滅んだとみられている。

【大型ビーバー】

食肉類以外の哺乳類として、齧歯類のビーバーを紹介しておこう。

ビーバーの現生種には、アメリカビーバー（*Castor canadensis*）とヨーロッパビーバー（*Castor fiber*）がいる。こ

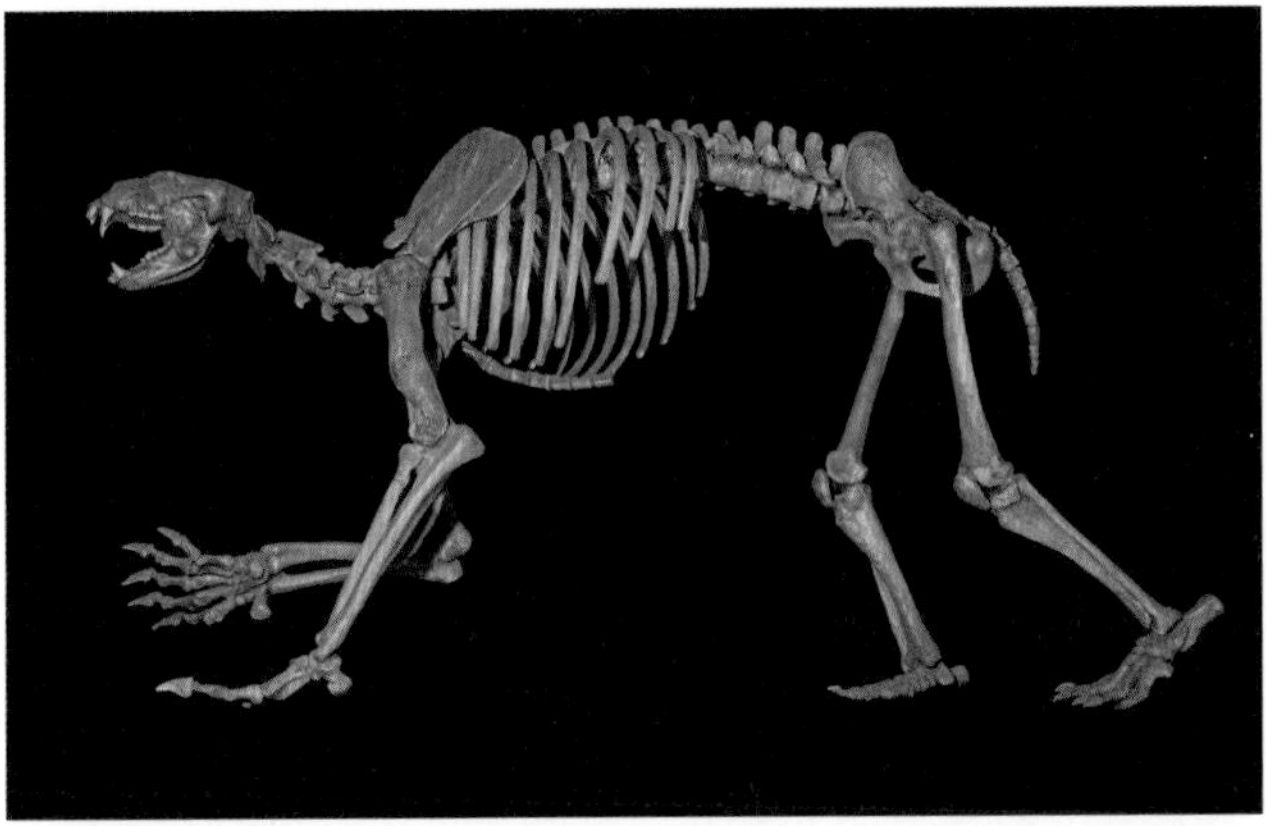

のうち、現在の北アメリカに生息しているビーバーは、文字通り「アメリカビーバー」の1種だけだ。頑丈な歯と顎、そして、平たい尾を特徴とする。頭胴長は80センチメートルほどで、尾まで含めた全長は1・2メートルに達する。ちなみに、ヨーロッパビーバーもほぼ同等の大きさだ。

齧歯類としてみたときに、アメリカビーバーやヨーロッパビーバーは、カピバラに次ぐ大型種である。しかし、鮮新世から更新世にかけて、北アメリカの五大湖付近には、さらに大きなビーバーが生息していたことがわかっている。

その大型ビーバーの名前を「**カストロイデス**(*Castoroides*)」という。姿そのものは、アメリカビーバーやヨーロッパビーバーとさほど変わらないけれども、カストロイデスは、アメリカビーバーのような平たい尾はもっていなかった。

カストロイデスの復元画（上段）と全身復元骨格（下段）。Photo：アフロ　イラスト：柳澤秀紀

カストロイデスのサイズはアメリカビーバーたちよりも一回り以上大きい。頭骨だけで30センチメートルもあるのだ、頭胴長は約1・5メートルに達したとみられている。アメリカビーバーの2倍近い長さである。体重は100キログラムとも、200キログラムともいわれている。

南アメリカの〝楽園〟

第四紀になって、哺乳類の〝北アメリカ勢力〟による南アメリカへの侵攻は本格化し、南アメリカ固有の種類は姿を消していく。

しかしそんな南アメリカにも、特筆に値する種類はいくつも存在していた。

【木登りできないナマケモノ】

第四紀の南アメリカを代表する哺乳類といえば、「**メガテリウム（*Megatherium*）**」が筆頭だろう。登場は中新世だけれども、更新世になって大いに繁栄した。アルゼンチン、ペルー、ボリビアをはじめとして、その化石は南アメリカ各地から発見されている。

メガテリウムを中心とした南アメリカの更新世の哺乳類については、２０１３年にウルグアイ共和国大学のリチャード・A・ファリーニャが著した『Megafauna:Giant Beasts of Pleistocene South America』に詳しい。ここでは、この本を参考にしながら、メガテリウムの情報をまとめておきたい。

メガテリウムは、一般に「オオナマケモノ」とも呼ばれている。この通称が意味するように、メガテリウムの全身復元骨格と復元画(左ページ)。全身復元骨格は、徳島県立博物館所蔵。Photo：安友康博/オフィス ジオパレオント　イラスト：柳澤秀紀

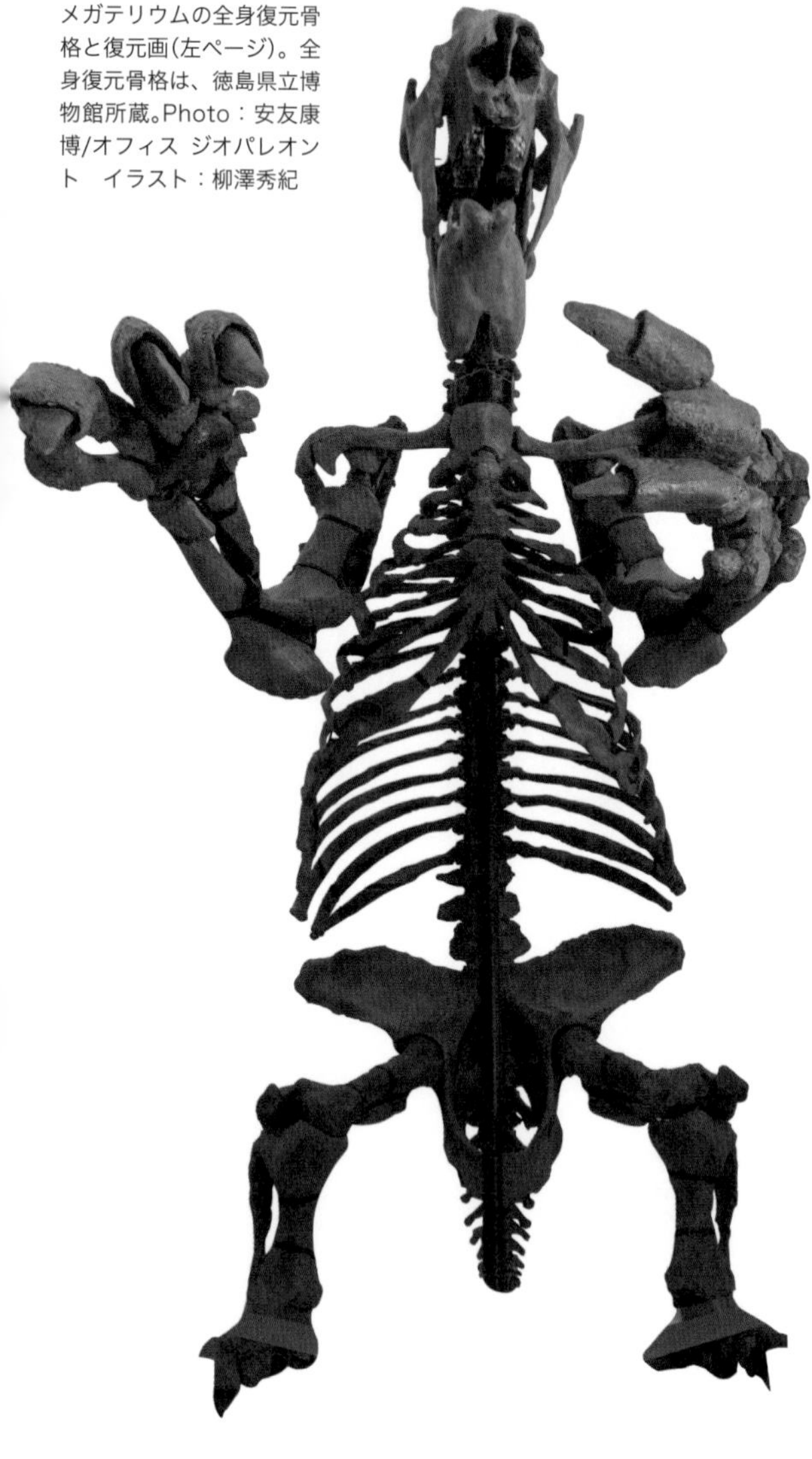

分類としては、ナマケモノの仲間に属している。ただし、「オオナマケモノ」だ。**メガテリウムの全長は6メートルに達し、体重も6トン近くになったとの見積もりもある。**ナマケモノの仲間……例えば、ノドチャミユビナマケモノ(*Bradypus variegatus*)などと比べると、単純に「大きい」だけではなく、がっしりとしていることが特徴だ。尾は太く、両手足には太い爪がある。

移動は、主に四足をついての歩行だ。ヒトと同じくらいの速度で歩くことができたとみられている。「ナマケモノ」といえば、樹木の枝にぶら下がる姿勢がよく知られている。しかし、なにしろメガテリウムは巨体である。樹木の枝にぶら下がることはできなかったようだ。一方で、太い後ろ脚と尾を使って立ち上がることはできたらしく、前肢の爪を使って樹木の枝葉を手繰り寄せて食べていたとされる。

【甲羅をもつ哺乳類】

更新世の南アメリカには、複数種の「甲羅」をもつ哺乳類がいた。ただし、彼らの「甲羅」は、カメのような〝骨の板〟ではなく、細かい骨片が並んだものだ。この「骨片の甲羅」をもつ哺乳類グループを「**グリプトドン類**」という。

グリプトドン類は絶滅グループだけれども、同じく「骨片の甲羅」のアルマジロ類と親戚のような関係にある。グリプトドン類とアルマジロ類のちがいとして、例えば、「甲羅の可動性」を挙げることができる。アルマジロ類はからだを丸めて球状になることができることに対し、グリプトドン類の甲羅にはそうした可動性はないのだ。そして、何よりも、グリプトドン類はサイズが大きかった。

本書では、2種類のグリプトドン類を紹介しておこう。

一つ目は、グループの代表でもある「**グリプトドン**（***Glyptodon***）」だ。

グリプトドンの全身復元骨格（上）と復元画。全身復元骨格は、大英自然史博物館所蔵。Photo：アフロ　イラスト：橋爪義弘

ドエディクルス。甲羅の形や、尾の先に特徴がある。イラスト：アフロ

グリプトドンの全長は3メートル。大きく丸く膨らんだ背《はい》甲《こう》は、高さ1・5メートルに達した。また、下顎が頑丈で、強力な筋肉が付着していたことがわかっている。歯は一生伸び続けていたらしい。

南北のアメリカがパナマ地峡でつながったのち、グリプトドンは数少ない〝北進〟を遂げた哺乳類であり、しかも、北アメリカでもそれなりに繁栄した。

二つ目は、「ドエディクルス(*Doedicurus*)」だ。

ドエディクルスは、グリプトドンよりもさらに大きな全長4メートル。「最大のグリプトドン類」として知られる。グリプトドンの背甲が比較的スムーズな曲線を描いていることに対し、ドエディクルスの背甲は前部が高く、後部が低いという〝段差〟があった。また、尾の先が「トゲのついた棍棒《こんぼう》」という特徴がある。『新版　絶滅哺乳類図鑑』では、「知られているうちではもっとも完ぺきに武装した哺乳類」としてドエディクルスが紹介されている。

オーストラリアの"楽園"

オーストラリアでは、有袋類の王国が確立している。その代表ともいえる3種類を紹介しておきたい。

【有袋類のライオン】

鮮新世から更新世にかけて、**オーストラリア最大級の肉食動物だった有袋類が**、「**ティラコレオ**(*Thylacoleo*)」だ。

ティラコレオは「**フクロライオン(Pouched Lion)**」とも呼ばれる。「オーストラリア最大級の肉食動物」とはいえ、真獣類のライオン(*Panthera leo*)と比較すると小柄であり、頭胴長は1・3メートルほどしかない。ライオンというよりは、ヒョウ(*Panthera pardus*)に近い(それでも、ヒョウの方がまだ大きい)。

ライオンにしろ、ヒョウにしろ、彼ら食肉類の牙が「犬歯」であることに対し、**ティラコレオの牙は「切歯」であることが大きな特徴だ。**また、**前臼歯は前後に薄く伸び、まるで刃のような形になっているという点も食肉類との大きなちがい**である。

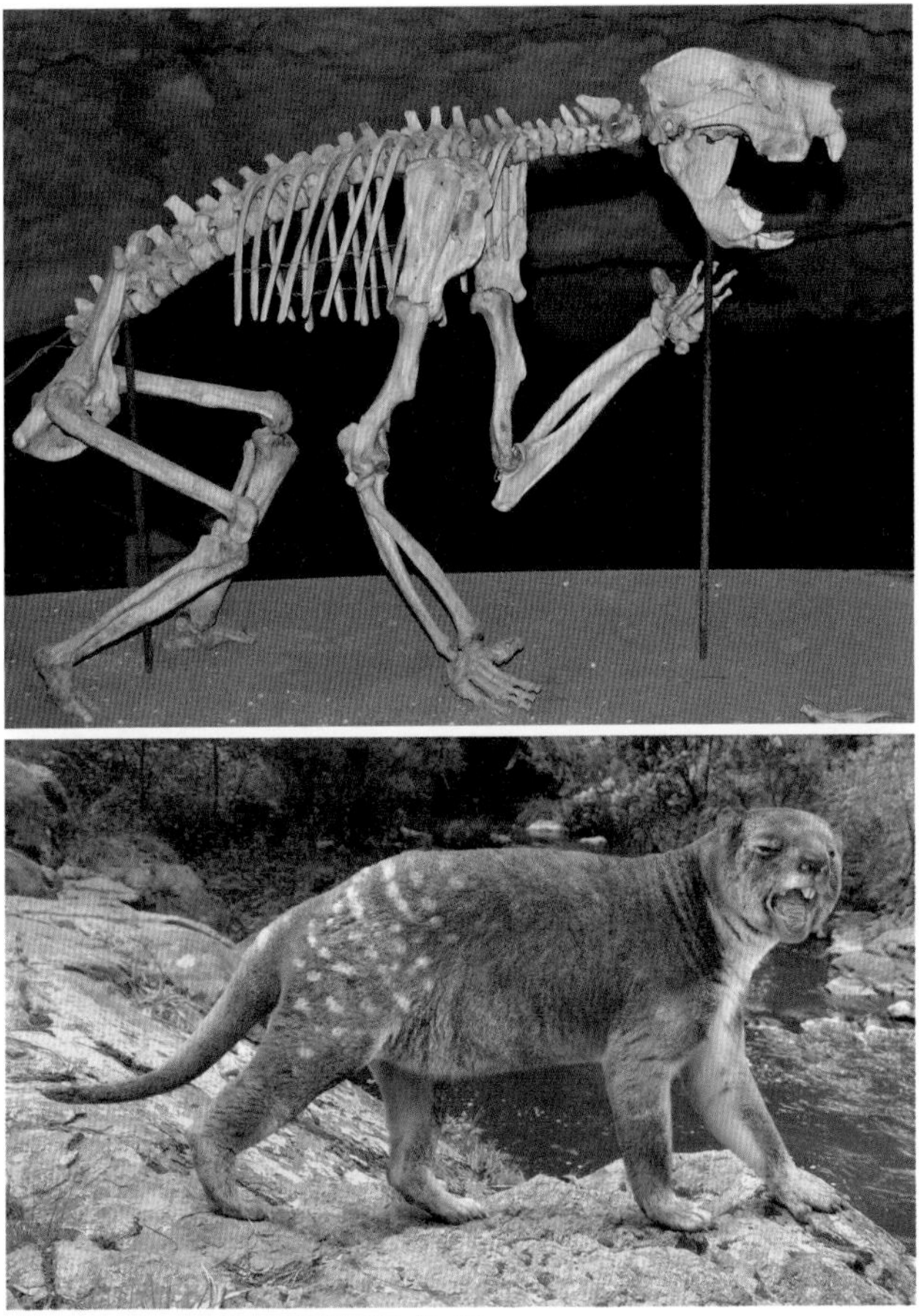

ティラコレオの全身復元骨格(上段)と復元画(下段)。"切歯の牙"に注目されたい。全身復元骨格は、National Parks and Wild life service South Australia所蔵。Photo:アマナイメージズプラス　イラスト:アフロ

また、ライオンといえば、その主武器は「ネコパンチ」を繰り出す前脚だけれども、ティラコレオは、これもちがっていた。２０１６年、マラガ大学のフィゲイリードたちは、ティラコレオの肘関節に注目した研究を発表している。フィゲイリードたちの分析によると、ティラコレオの前腕は、霊長類並みに動かせるという。これは、有袋類や食肉類に限らず、「肉食性哺乳類」としては、唯一の特徴だそうだ。

フィゲイリードたちは、ティラコレオは「登る」という能力に長《た》けていて、さらにライオンよりもはるかに獲物を保持する能力が優れていたとみている。ティラコレオの手には、親指に発達した鉤爪があった。この爪を器用に使い、獲物の肉を切り裂いていたのかもしれない。

【ジャンプができないカンガルー】

更新世のオーストラリアには、**現生**のアカカンガルーの**2倍近い身長**をもったカンガルーがいた。「**プロコプトドン**（*Procoptodon*）」である。**知られている化石は部分的なものばかりだけれども、その部分化石から推測される身長は実に3メートル、体重は２４０キログラムに達した**という。見上げるような体軀のカンガルーだ。

そんな巨体である。ブラウン大学（アメリカ）のクリスティン・M・ジャニスたちが発表した研究によると、「跳ねて素早く移動する」ことはできなかったらしい。つまり、プロコプトドンは、カンガルーでありながら、ぴょんぴょんと跳ねることが苦手だったのだ。……まあ、3メートル、240キログラムの巨体がぴょんぴょんと跳ねて移動していたら、それはそれでかなりの恐怖を感じる光景だろう。

ジャニスたちによると、プロコプトドンは上半身を立てたまま、二足で〝普通に〟歩いたり、走っていたりしたという。

プロコプトドンの復元画(上段)と全身復元骨格(下段)。全身復元骨格は、National Parks and Wildlife service South Australia所蔵。Photo：gettyimages　イラスト：柳澤秀紀

【有袋類のナマケモノ】

「大きな有袋類」といえば、「パロルケステス(*Palorchestes*)」も挙げることができる。複数種が存在するパロルケステスの中で、「パロルケステス・アゼアル(*Palorchestes azeal*)」は更新世のオーストラリアを代表する大型種だ。頭骨だけで70センチメートルもの長さがあり、『新版　絶滅哺乳類図鑑』では、「ウシほどの大きさ」と紹介している。

プロコプトドンとちがい、こちらは四足をついて歩いていた。顔面はバクの仲間に近く、おそらく、バクの仲間のようなやや長い鼻をもっていたのではないか、と推測されている。前肢は頑丈で、大きな鉤爪があった。この鉤爪を使って樹木の葉を手繰り寄せ、食べていたとみられている。『新版　絶滅哺乳類図鑑』では、「有袋類の地上性ナマケモノといった生態が考えられる」と続けている。

パロルケステスの頭骨。上は復元画。Photo：Melbourne Museum提供　イラスト：柳澤秀紀

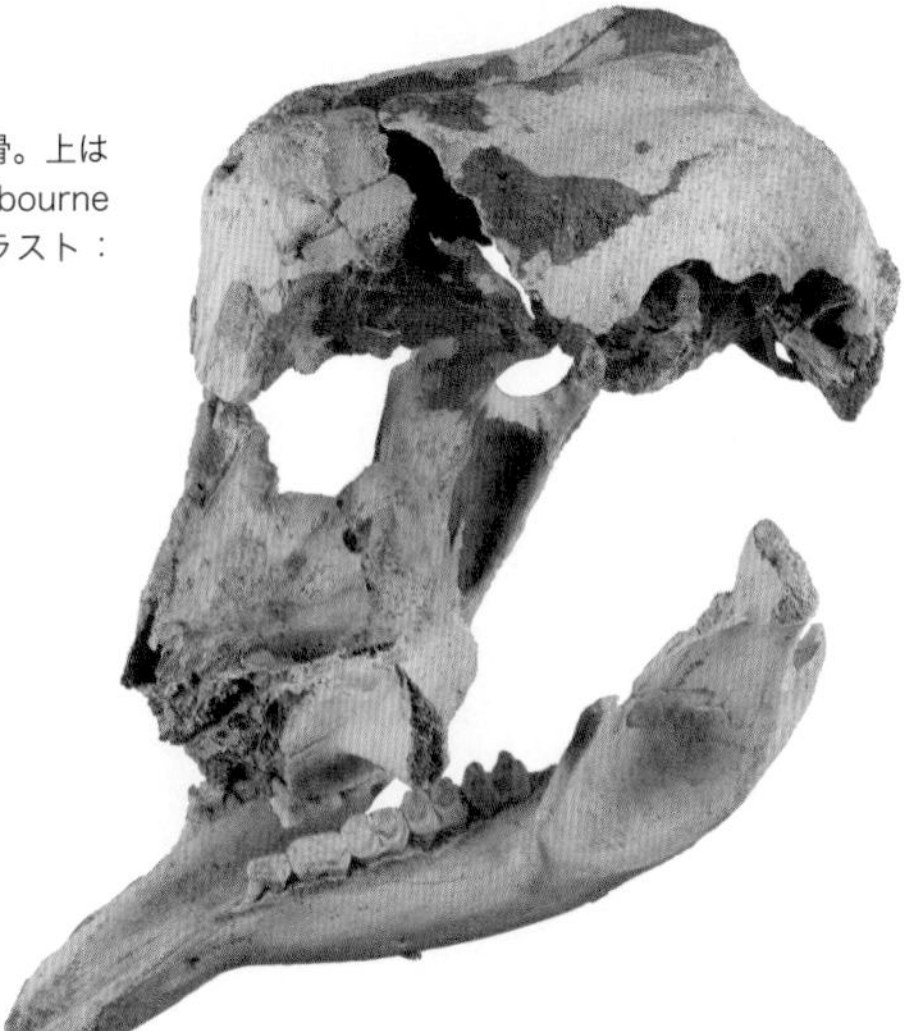

日本の〝楽園〟

さあ、日本列島の話をしよう。

第2章で登場した、ステゴドン類という長鼻類をご記憶だろうか。

中新世の日本にやってきたステゴドン・ツダンスキー(ツダンスキーゾウ)の肩高は、約3・8メートル。そのツダンスキーゾウを祖先として進化した日本固有の鮮新世のステゴドン類、ステゴドン・ミエンシス(ミエゾウ)の肩高は、約3・6メートルだった。

そして、更新世になると、ミエンシスを祖先とする新たなステゴドン類が出現した。

アケボノゾウの復元画(左)と全身復元骨格(下)。全身復元骨格は、豊橋市自然史博物館所蔵。Photo：アフロ　イラスト：柳澤秀紀

【日本の小型長鼻類】

更新世の日本に現れたステゴドン類。その名前を、「**ステゴドン・アウロラエ（*Stegodon aurorae*）**」という。通称、「**アケボノゾウ**」だ。化石は、日本各地から発見されており、その繁栄のさまを今に伝えている。

アケボノゾウは、**小型のステゴドン類だった。その肩高は、約1・7メートルしかない。日本の成人男性の平均身長とさほど変わらない。**

ツダンスキーゾウに始まり、ミエゾウ、そして、アケボノゾウ。日本にやってきたステゴドン類は、一貫して小型化の〝道〟を進んできた。

これは、典型的な「島嶼《とうしょ》における進化」の例だ。大陸で生きていた祖先は、豊富な食料資源に囲まれていた。しかし日本列島には、その巨体を支える食料資源がなかった。結果として、小型化し、島嶼に適した小さなからだで命を紡ぐことになったとされる。なお、アケボノゾウが日本に生息していた期間は、100万年を超える。この期間は、日本にやってきたツダンスキーゾウやミエゾウよりも長い。「小型化は成功だった」といっても過言ではないだろう。ただし、ツダンスキーゾウから始まるこの系譜は、約80万年前のアケボノゾウを最後に途絶えることになる。

【日本を代表するゾウ類】

ステゴドン類だけではなく、太古の日本には多種多様な長鼻類が生息していた。かつての日本は、長鼻類大国だったのだ。

そうした長鼻類の中で、**最も多くの化石を残している種は、ゾウ類の「パレオロクソドン・ナウマンニ(*Palaeoloxodon naumanni*)」だ。通称、「ナウマンゾウ」**である。

ナウマンゾウの大きな個体の肩高は3メートルを超える。頭部に最大の特徴があり、額から側面にかけて、目立つ凸構造がある。この構造があるため、ナウマンゾウは「ベレー帽を被っているような」と形容されることが多い。

化石は、ほぼ全国から産出する。むし

ナウマンゾウの全身復元骨格(右)と復元画(下)。全身復元骨格は、千葉県立中央博物館所蔵。肩高約4m。
Photo：安友康博/オフィス ジオパレオント
イラスト：柳澤秀紀

ろ、ナウマンゾウの化石を産出しない県を挙げた方が早いくらいだ。約34万年前の氷期の時期に陸化した東シナ海や対馬海峡を経由して日本にやってきたとみられている。その後、日本列島を南北に移動しながら栄え、温暖な時期には津軽海峡を泳いで渡って北海道にまで到達した。

なお、ナウマンゾウの「ナウマン」、つまり、パレオロクソドン・ナウマンニの「ナウマンニ（*naumanni*）」は、明治時代に来日し、東京帝國大学の教授を務め、日本の近代地質学の構築に多く貢献したドイツ人地質学者、ハインリッヒ・E・ナウマンへの献名である。

【日本のオオツノジカ】

251ページで「ヨーロッパのオオツノジカ」として、メガロケロス・ギガンテウスを紹介した。約1・8メートルほどの肩高に対し、左右幅約3メートルという「大きなツノ」をもっていた。

日本にも「オオツノジカ」は生息していた。その名は、「シノメガケロス・ヤベイ（*Sinomegaceros yabei*）」、通称「ヤベオオツノジカ」である。

ヤベオオツノジカは、「**シノメガケロス**」という属名が示すように「**メガロケロス・ギガンテウス**」とは別属のシカだ。からだの大きさは、肩高1・8メートルほどと、メガロケロス・ギガンテウスと同程度である。しかし、そのからだに、左右幅1メートルにおよぶツノをもっていた。

何よりも、これは実物を見てほしい。本書の監修者である群馬県立自然史博物館をはじめ、いくつかの博物館で全身復元骨格が展示されている。「左右幅1メートル」という値が、どれだけ大きいか、実感できることだろう。ちなみに、ヤベオオツノジカの「ヤベ」、つまり、シノメガケロス・ヤベイの「ヤベイ(*yabei*)」は、大正から昭和初期にかけて活躍した日本の古生物学者、矢部長克《ひさかつ》への献名である。

ヤベオオツノジカの化石もまた日本各地から産出する。ナウマンゾウの化石とともにみつかることも多く、ともに更新世の日本を代表する存在だ。

そうした化石の一つ、群馬県富岡市産の標本は、「日本最古の化石発掘記録」「専門

ヤベオオツノジカの全身復元骨格(右)と復元画(下)。全身復元骨格は、群馬県立自然史博物館所蔵。肩高約1.5m。Photo：安友康博/オフィス ジオパレオント　イラスト：柳澤秀紀

家による日本最古の化石の鑑定書」と、「実物標本」の三つが揃った化石として知られている。いわゆる江戸時代にあたる寛政9年(1797年)にツノや下顎骨などの化石が発見され、翌年にはこの場所にその発見を記念した「龍骨碑」が建てられた。これが、「日本最古の化石発掘記録」だ。「龍骨」とはいっても、当時の人々はこれを「大蛇の骨」と考えたようで、当地を治めていた前田家に献じられた。その後、幕府の典医であった丹波元簡《たんばもとやす》がこの〝大蛇の骨〟を鑑定。「麋《び》」という大型のシカの一種の骨であると看破し、その記録を残した。これが、「専門家による日本最古の化石の鑑定書」だ。このとき、丹波は「後世の学者が、正体を明らかにするだろう」と記している。「化石」の概念がない時代にこの言である(当時の化石といえば、天狗の爪として扱われていたり、龍の骨として薬剤に使われたりしていた例がある)。丹波の先見の明たるや、「素晴らしい」の一言に尽きるだろう。

龍骨碑も鑑定書も現存し、さらに、化石も今に残る。日本古生物研究史に残るシカ。それが、ヤベオオツノジカなのだ。

【日本の巨大ワニ】

ワニといえば、熱帯や亜熱帯の動物と思われるかもしれない。現代日本には、野生のワニは生息していない。しかし、かつては、大型のワニが今の大阪にいた。しかも、それはかなりの巨軀

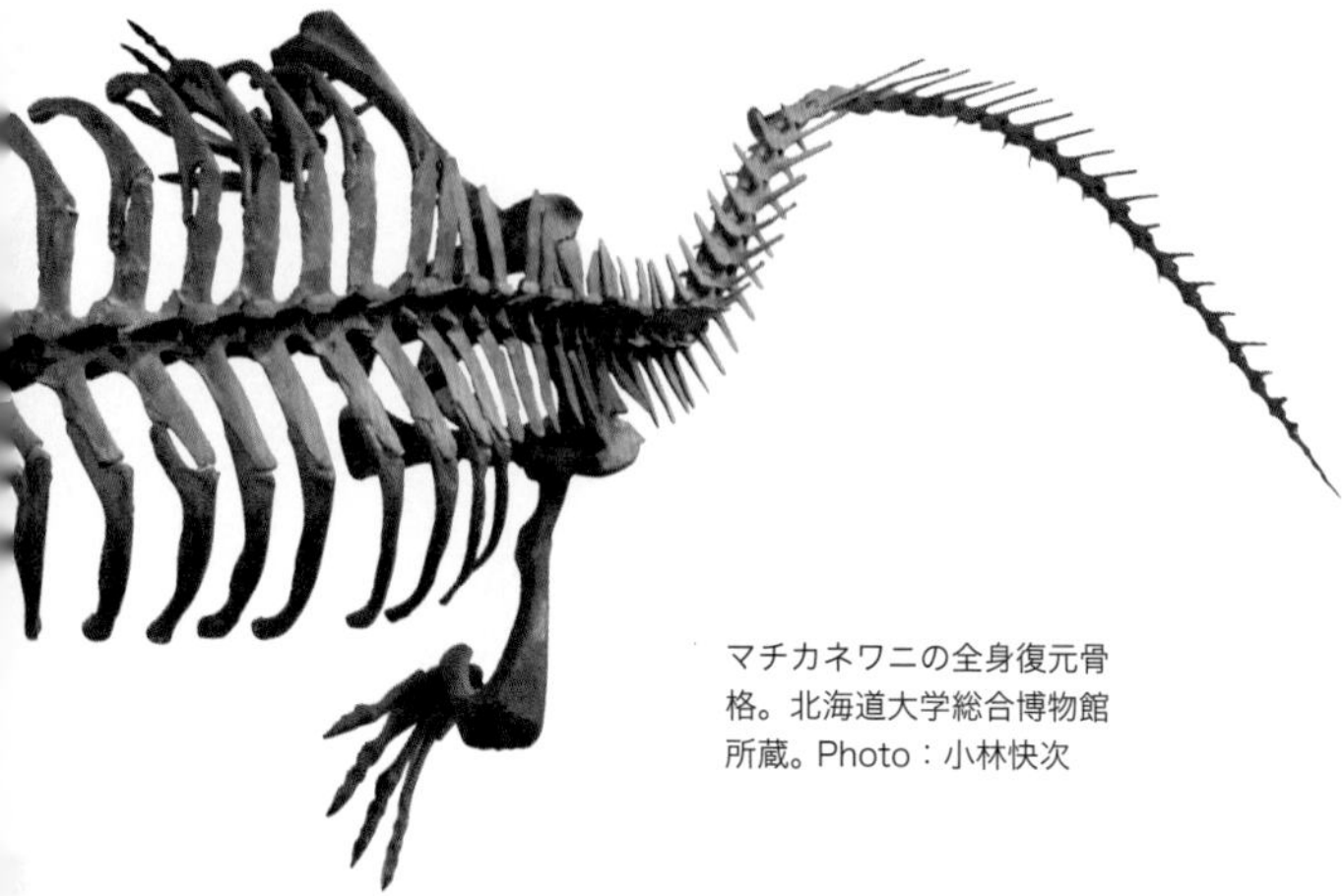

マチカネワニの全身復元骨格。北海道大学総合博物館所蔵。Photo：小林快次

だった。

約40万年前という更新世の半ばに生息していたその名前を「**トヨタマフィメイア・マチカネンシス**（*Toyotamaphimeia machikanensis*）」という。通称、「**マチカネワニ**」である。「トヨタマフィメイア（*Toyotamaphimeia*）」は、『古事記』に登場するワニの化身の「豊玉姫」にちなみ、「マチカネンシス（*machikanensis*）」と「マチカネワニ」は、化石が発見された大阪大学豊中キャンパス内の「待兼山《まちかねやま》」に由来している。

マチカネワニの全長は、約7・7メートル。現生のワニ類で「超大型」と形容されるイリエワニ（*Crocodylus porosus*）を上回るサイズの持ち主だ。本書に登場し

た陸棲の古生物の中では、プルスサウルス・ブラジリエンシスに次ぐ巨体である。

分類上は、イリエワニと同じクロコダイル類に属する。ただし、多くのクロコダイル類は吻部先端は丸みを帯びていることに対し、マチカネワニの吻部はすっと前に細く伸びる。どことなく、ガビアル類の雰囲気を醸し出している。

なにしろ、約7・7メートルという巨体である。ワニ研究家で知られる青木良輔は、2001年に『ワニと龍』を著し、「マチカネワニは、伝説の『龍』のモデルではないか」と指摘した。マチカネワニやあるいはその近縁種が中国で人類文明の時代まで生きていて、その姿を見た人々が龍を想像したのではないか、というわけである。そして実際、2022年になって、中国の古代王朝時代まで生きていたワニの骨の標本が、名古屋大学博物館の飯島正也たちによって分析され、その骨がマチカネワニの近縁種のものであったことが指摘されている。

実際のところ、「マチカネワニ＝龍のモデル」に関する〝正解〟にはたどり着けないのかもしれない。

しかし、ぜひ、みなさんにはマチカネワニの全身復元骨格を見てほしい。

日本を代表するワニ類である。展示は各地の博物館にある。筆者のおすすめは、東京駅前のインターメディアテクと、大阪市立自然史博物館の展示だ。インターメディアテクのマチカネワニは、まさに天に登るかのように壁に設置されている。大阪市立自然史博物館には複数の標本があり、そのうちの一つはホールの高い位置の壁を泳ぐ姿勢で復元されている。どちらも、「龍」を想起させるには十分だ。

マチカネワニの復元画。
イラスト：柳澤秀紀

【ニホングリソン、ニッポンサイ、ハナイズミモリウシ】

3種類の日本の古生物をまとめて紹介しておこう。

1種類目は、グリソン類である。グリソン類は、食肉類の中の「イタチ類」を構成する一群で、全長60センチメートル前後。胴が長く、四肢が短く、犬歯が鋭い、敏捷な哺乳類だ。現生種の代表は、「グリソン」こと「ガリクティス・ヴィッタタ（*Galictis vittata*）」。ガリクティス・ヴィッタタをはじめとする現生種は、中南米にしか生息していない。

しかし更新世までは、ヨーロッパにも東アジアにも、**日本にもグリソン類がいた。そのグリソン類は、学名を「オリエンシクティス・ニッポニカ（*Oriensictis nipponica*）」という。現生種と比べるとやや小ぶりなこのグリソン類には、「ニホングリソン」の和名が与えられている。**

現生の「サイ類」といえば、どっしりとした胴体と頭部のツノをシンボルマークとする哺乳類で、現生種はアジアからアフリカにかけて複数種が生息しているものの、現在の日本には生息してい

ニホングリソンの復元画。イラスト：柳澤秀紀

ない。

　更新世の日本には、サイ類もいた。その名前は、「ステファノリヌス・キルシュベルゲンシス(*Stephanorhinus kirchbergensis*)」。頭胴長は約3メートルと、サイ類としてはやや小型。ツノは1本で、現生のスマトラサイ(*Dicerorhinus sumatrensis*)に近縁とみられている。和名は「ニッポンサイ」で、化石は九州、瀬戸内海などで発見されており、その中でも栃木県の佐野市で発見された幼獣の化石は、全身のほとんどの部位

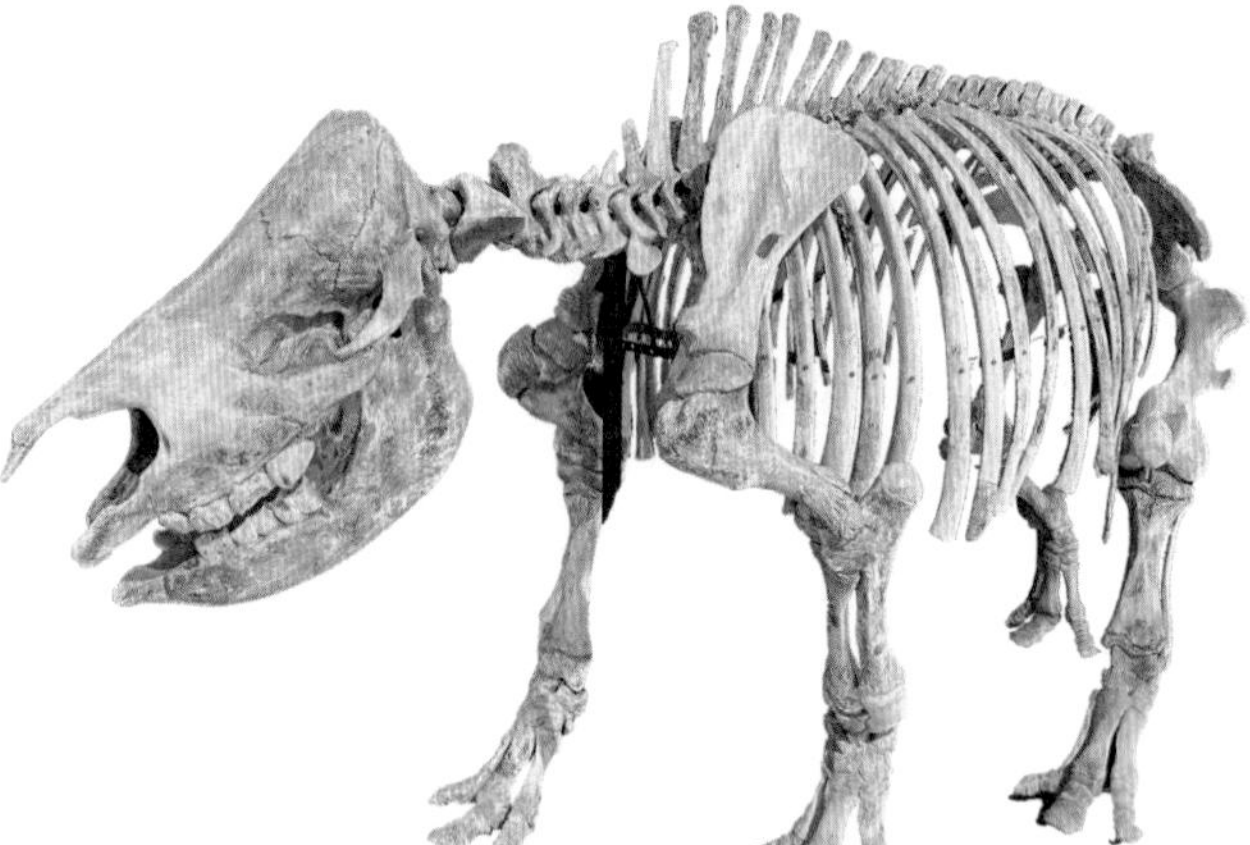

ニッポンサイの全身復元骨格(上)と復元画(左)。Photo:葛生化石館提供　イラスト：柳澤秀紀

の骨が残っていたことで知られる。なお、「ニッポンサイ」とはいうものの、日本の固有種ではなく、ユーラシア各地から化石が発見されている(かつて、日本以外の化石は別種のものとされていたが、研究によって同種であると明らかになった)。

最後に、**更新世の日本にいたバイソン(ウシ類)を紹介**しておこう。**和名を「ハナイズミモリウシ」**というそのバイソンは、「レプトバイソン・ハナイズミエンシス(*Leptobison hanaizumiensis*)」で

ハナイズミモリウシの全身復元骨格(上)と復元画(右)。岩手県立博物館所蔵。
Photo：望月貴史　イラストレ：柳澤秀紀

ある。ハナイズミモリウシの「ハナイズミ」、レプトバイソン・ハナイズミエンシスの「ハナイズミエンシス（*hanaizumiensis*）」が示唆するように、その化石は、岩手県花泉村（現在の一関市）で発見された。ナウマンゾウやヤベオオツノジカの化石もともに発見されており、こうした哺乳類たちとともに生きていたことがわかる。ハナイズミモリウシのポイントは、「骨器」がともに発見されているという点だ。つまり、人類もそばにいた。ナウマンゾウやヤベオオツノジカとともに、ハナイズミモリウシも人類の狩猟対象になっていた可能性がある。〝かつての日本〟の景色が目に浮かぶ。

ホモ属、台頭

中新世のアフリカに登場した人類は、その後、多様化を重ねてきた。

本書では、これまでにサヘラントロプス、アルディピテクス、アウストラロピテクスの3属に触れてきた。彼らは太古の人類であり、そして、絶滅した人類だ。サヘラントロプス属も、アルディピテクス属も、アウストラロピテクス属も、現在まで子孫を残すことはできなかった。

私たち現生人類は、学名を「**ホモ・サピエンス**（*Homo sapiens*）」という。過去に登場した多様な人類の唯一の生き残りだ。

ホモ・ハビリス。"ホモ属の始まり"だ。イラスト：柳澤秀紀

ただし、過去には「ホモ」の属名をもつ人類が他にも多数存在し、隆盛をみせていた。

【初期のホモ属たち】

アフリカに"最古のホモ属"が登場したのは、更新世初頭にあたる約250万年前といわれている。その名を「ホモ・ハビリス(*Homo habilis*)」という。

初期の人類進化に関しては、京都大学総合博物館の高井正成と、京都大学大学院の中務《なかつかさ》真人《まさと》が2022年に著した『化石が語る　サルの進化・ヒトの誕生』(丸善出版)にわかりやすくまとめられている。同書によると、ホモ・ハビリスは「アウストラロピテクスとの違いは微妙」とのことである。つまり、最古のホモ属は、「猿人」と呼ばれた人類とさほど変わらなかった。同書では「ホモ属に含めて

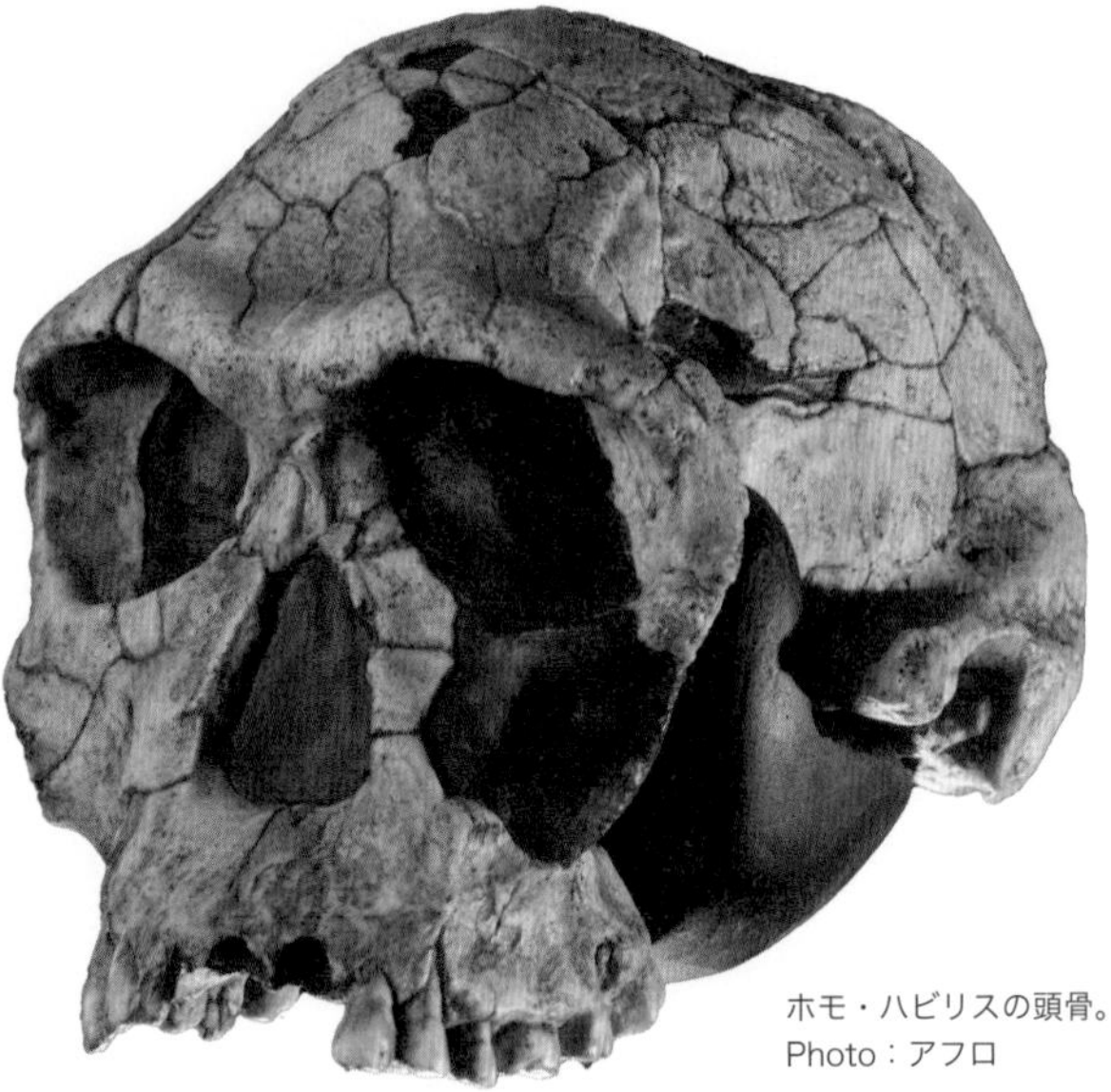

ホモ・ハビリスの頭骨。
Photo：アフロ

よいかどうか議論がありました」とも書いている。

一方で、「アウストラロピテクスとの違い」として、咀嚼《そしゃく》器官が小さくなり、頭を支える項《うなじ》の筋肉が付着する領域も狭くなっていることも同書で挙げられている。

そして、**約190万年前になり、「ホモ・エレクトゥス（*Homo erectus*）」の登場となる。ホモ・エレクトゥスは、それまでの人類とは異なり、脳容量が1000cc近くあった。**臼歯は小さくなり、かわりに道具を使って食物を処理してから食べていた可能性が示唆されている。アフリカを出て、ベトナムや中国にまでその生息域を広げ、大いに繁栄した。

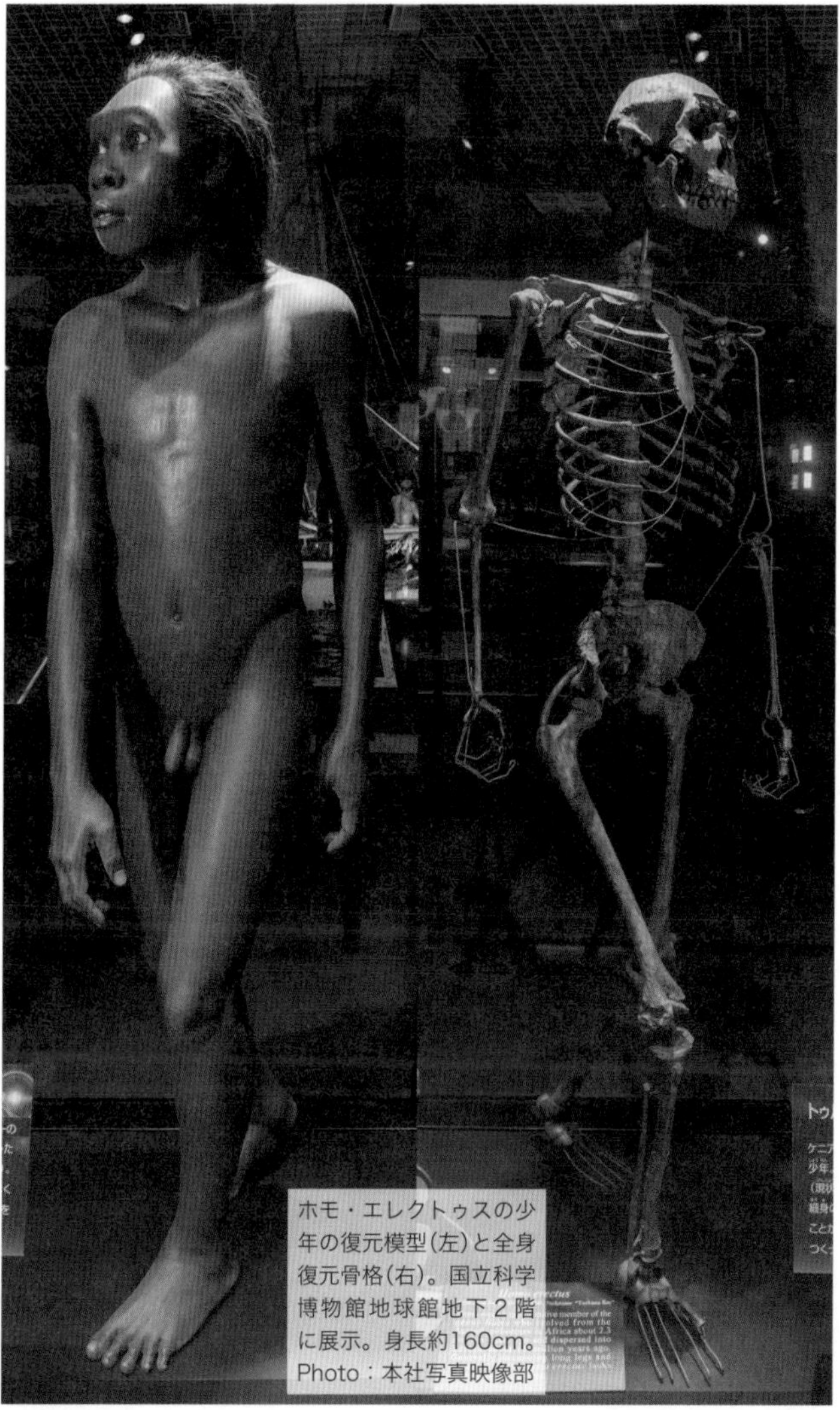

ホモ・エレクトゥスの少年の復元模型（左）と全身復元骨格（右）。国立科学博物館地球館地下２階に展示。身長約160cm。
Photo：本社写真映像部

ホモ・エレクトゥスの狩り。
イラスト：月本佳代美

【ネアンデルタール人】

約30万年前になって、「**ホモ・ネアンデルターレンシス**(*Homo neanderthalensis*)」が登場した。いわゆる「**ネアンデルタール人**」である。

ネアンデルタール人は、ヨーロッパから中東、西南アジア、シベリアにまで広く分布した人類で、脳容量は約１４００ccに達し、体格は私たちホモ・サピエンスとほぼ同等。強いて言えば、やや背が低く、がっしりとしたからだつきをしていた。

注目すべきは、「約30万年前に登場したネアンデルタール人が、約４万年前まで生きていた」という点だ。

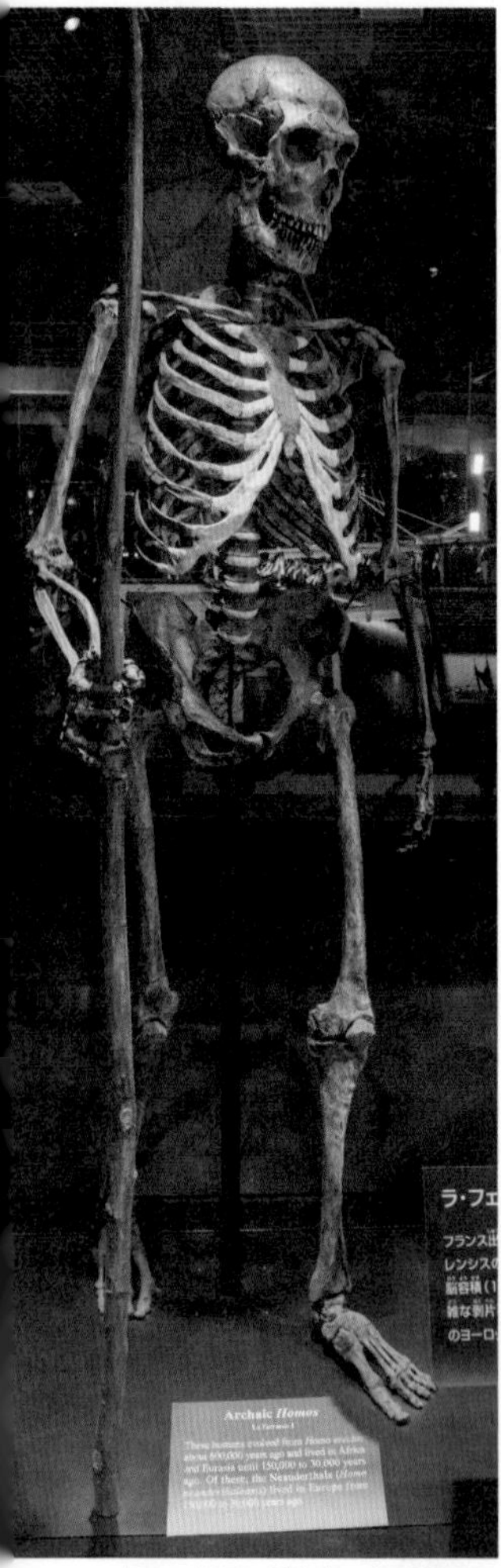

ホモ・ネアンデルターレンシスの全身復元骨格。国立科学博物館地球館地下２階に展示。Photo：本社写真映像部

実は、ホモ・サピエンスは約31万5000年前のアフリカに登場し、遅くても約19万5000年前までにアフリカから出て、各地への拡散を始めた。つまり、ホモ・サピエンスの生息域と、ネアンデルタール人の生息域は同じ時期に重複するのだ。

よく似た2種の人類が同じ時期に同じ地域に生きていた。その結果は、マックス・プランク進化人類学研究所(ドイツ)のスヴァンテ・ペーボが著した一冊の本に書かれている。文藝春秋より刊行されたその本の書名は、『ネアンデルタール人は私たちと交配した』だ。

ホモ・ネアンデルターレンシスの埋葬。花をたむけていたとする研究もある。
イラスト：月本佳代美

このタイトルが直球で示しているように、**生息域の重なった2種の人類は、交配し、子孫を残した**。同書によると、現代のヨーロッパ人だけではなく、例えば中国人であっても、そのDNAの約2パーセントはネアンデルタール人に由来するという。いわんや、日本人をや、だ。

【そして、ホモ・サピエンス】

知られている限り最も古いホモ・サピエンスの化石は、モロッコに分布する約31万5000年前の地層から発見されている。他にも、エチオピアの約19万5000年前の化石やスーダンの約13万5000年前の化石、タンザニアの約12万年前の化石もある。いずれもアフリカだ。サヘラントロプス以降の多くの人類と同じように、私たちの祖先もアフリカに出現し、アフリカで命を紡いでいたことは確からしい。

一般にいわれるホモ・サピエンスの脳容量は、約1300cc。もっとも、**この値には個体差(個人差)があり、資料によっては、「2000cc」という値もある。簡単にいえば、ネアンデルタール人とほぼ同等か、それ以上の脳容量だ**。

その大きな脳の割に、からだが華奢《きゃしゃ》であることも特徴の一つ。背筋をピンと伸ばした直立二足歩行を得意とする一方で、過去の人類と比べると総じて細い骨格である。

そんな人類は、遅くても19万5000年前までにアフリカを発ち《た》(出アフリカ)、フランスのラ

本書執筆時点で「世界最古」のホモ・サピエンスの下顎。モロッコ産。標本長約12cm。Photo：Jean-Jacques Hublin, MPI EVA Leipzig提供
下段は、洞窟に壁画を描いているところを再現したイラスト。イラスト：月本佳代美

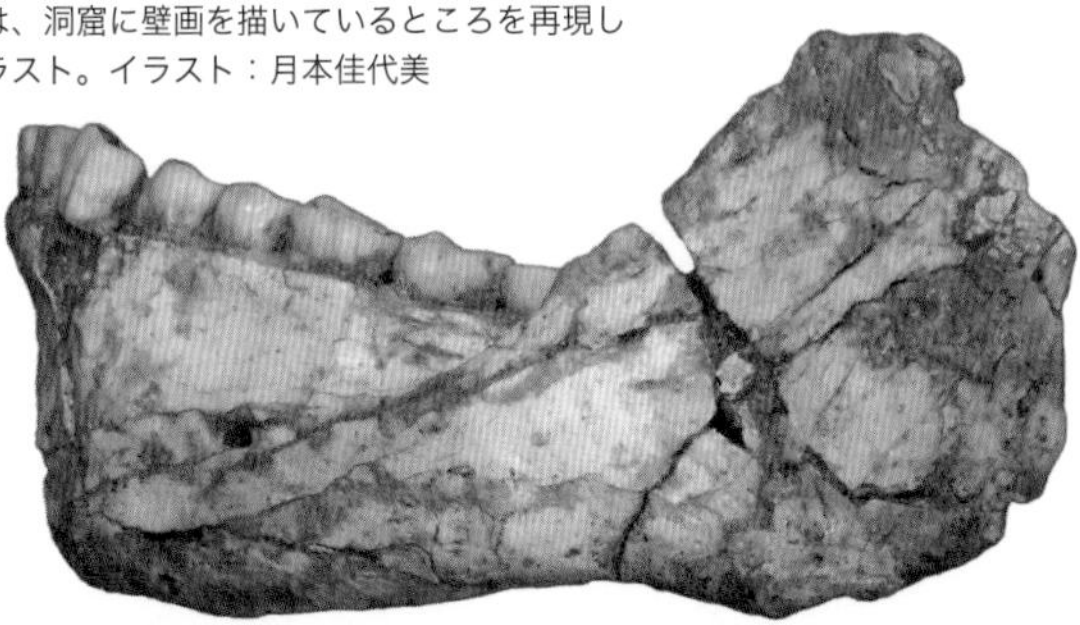

スコー洞窟ではホラアナライオンやギガンテウスオオツノジカの壁画を残し、ユーラシア大陸の北部ではケナガマンモスを狩った。

太平洋南部では島々を経由してオーストラリアへ渡り、北部ではベーリングを渡って北アメリカへと到達する。かくして、世界各地へと拡散し、やがて、文明を築くことになる。

古生物学の時代が終わり、考古学の時代へと移っていく。

人類が滅ぼした〝古生物〟

地質時代から歴史時代へ。

人類は文明を築き、多くの生物を滅ぼしてきた。

そうした〝絶滅させた生物〟の一つに、更新世から命脈を保っていた、ある動物がいた。

【狩り尽くしたカイギュウ類】

中新世の章を思い出していただきたい。

「ハイドロダマリス」というカイギュウ類をご記憶だろうか。「?」と思われた方は、177ページを振り返っていただくとよいかもしれない。サッポロカイギュウを代表として紹介した「大型のカイギュウ類」である。

ハイドロダマリスの仲間は、主に北方海域を好んで生息していた。その一つが、サッポロカイギュウであり、そして、「**ハイドロダマリス・ギガス（*Hydrodamalis gigas*）**」だった。ハイドロダマリス・ギガスは、更新世に登場し、そして、歴史時代に入っても生息していた。全長は8メートル超。なかなかの大きさである。

1741年、ゲオルク・ステラーの探検隊がカムチャツカ半島で生きたハイドロダマリス・ギガスを確認した。日本では、徳川吉宗の治世の時代である。

ハイドロダマリス・ギガスは鈍重で、しかも大型だ。食料として重宝され、狩りの的となった。その結果、**発見からわずか27年後の1768年に確認された個体を最後に姿を消した**。数十万年以上の歴史をもつ古生物が、人類の狩猟によって滅んだ。ステラーにちなみ、ハイドロダマリス・ギガスは「ステラーカイギュウ」とも呼ばれている。

世界は、〝古生物のいない世界〟へと変わりつつある。ハイドロダマリス・ギガスは、その象徴的な存在の一つといえる。

ステラーカイギュウ。ステラー隊に発見されてから、ほどなく絶滅した。こうして"古生物のいない世界"に変わっていく。
イラスト：橋爪義弘

コラム：人類によるオーバーキル

更新世末にあたる約1万年前、とくに大型の哺乳類が次々と姿を消す〝絶滅事件〟があった。

この事件に、当時、すでに本格的な繁栄を始めていたホモ・サピエンスが関与していたという説がある。いわゆる「過剰殺戮《オーバーキル》説」だ。

例えば、ケナガマンモスである。本文でも紹介したように、ケナガマンモスはかなり〝有用な獲物〟であり、肉は食糧に、皮は衣服に、牙は針などの道具に、骨は住宅の建材などに使われた。東京・上野にある国立科学博物館に行けば、かつてのホモ・サピエンスが残した〝作品〟を見ることができる。一度見れば、当時のホモ・サピエンスが、ケナガマンモスをとても重宝していたことを実感できるだろう。それだけに、狩りの〝主な標的〟としていたのかもしれない。

こうした〝狩猟の直接証拠〟だけではない。例えば、北アメリカ大陸に人類が到達した時期と、北アメリカ大陸の大型哺乳類が絶滅した時期がほぼ一致していたり、ホラアナグマのように洞窟を住処としていた動物から、人類はその洞窟を奪っていた可能性があったり、〝状況証拠〟も多い。

更新世末の大型哺乳類の絶滅については、過剰殺戮説だけではなく、「気候変動説」もある。当時、最終氷期が終わり、気候は急速に暖かくなっていた。気候が変われば、植生が変わる。植生が変われば、植物食の動物たちに影響が出る。こうした変化が、滅びを招いたのではないか、というものだ。

しかし、南アメリカ大陸においては、そうした植生の変化に影響を受けない、いわゆる「ゼネラリスト(広食性動物)」の植物食の大型哺乳類も滅びている。ゼネラリストの滅びに関して、気候変動説は十分に説明できていない。また、北極海のある島では約4000年前まで、ケナガマンモスが生きていたことが指摘されている。もしも、ケナガマンモスの絶滅が約1万年前の温暖化によるものなら、約4000年前までこの島で命脈を保っていたことの説明がつかない。

もっとも、この島に関しては、気候変化は他の地域よりも遅れていたのではないか、との指摘もある。

現在の知見では、過剰殺戮説、気候変動説ともに多くの証拠があり、どちらかが「定説」といえるわけではない。全体をみれば、過剰殺戮説がやや優勢、といったところだろうか。しかし、気候変動下における過剰殺戮が、大型哺乳類を滅ぼした可能性もある。つまり、複数の要因が絶滅を招いたのかもしれない。

気候変動と過剰殺戮。どちらも、現在の私たちが直面する問題でもある。そして、解決のための答えはまだ出ていない。

おわりに

新生代約6600万年間の物語、いかがでしたでしょうか？

既刊の二冊とは異なり、時代が新しい分、私たちに身近な動物たちが登場し、親近感を抱いていただけたのではないかと思います(感じていただけたのであれば、嬉しいです)。

既刊でも記しましたが、「古生物学は、科学の一分野」です。

他の科学分野と同じように、日進月歩で進んでいます。昨日の定説が、今日には定説ではなくなることもあります。今日の新説が、明日の発見で大きな変更を余儀なくされることもあります。また、研究者によって異なる仮説を提案していることもよくあります。科学技術の進歩によって、すでに知られている化石であっても、だれも気づいていなかった情報を秘めている場合もあります。そして、仮説は、必ずしも「古い」から「間違っている」わけではなく、「新しい」からといって「正しい」わけでもありません。

科学は証拠となるデータを積み重ね、議論を重ねて、前へと進んでいくものだからです。

本書では(他の拙著と同じように)そうした〝科学の面白さ〟をできるだけ取りこみました。ただし、議論の数もまた膨大ですので、ぜひ、さまざまな書籍で、さまざまな角度から科学をお楽しみいただければと思います。古生物に関する本はさまざまな書き手によって出版されていますし、拙著に限っても、執筆した時期や監修者によって、異なる見方を紹介していることがあります。ぜひ、その差もお楽しみください。

いわゆる専門家ではなくても、議論を気軽に楽しむことができる。それが、古生物学の良いところです。

そして次は、博物館へ。

例えば、本書に登場した古生物の化石の多くは、監修者である群馬県立自然史博物館で展示されています。もちろん、群馬県立自然史博物館だけではなく、各地の自然史系の博物館でさまざまな化石に出会うことができます。「博物館の化石」と聞くと「恐竜！」と思われる方も多いかもしれませんが、新生代古生物の化石が充実している博物館は、日本にもたくさんあります。まずは、お近くの自然史系博物館を訪ねてみてください。その次は、旅先にある博物館を訪ねてみてもよいでしょう。そして、博物館訪問そのものを、あなたの旅の目的としてみてください。

知識は、博物館の展示をより楽しいものとしてくれるはずです。本書を読了されたあなたならば、本書に出会う前よりも、きっと多くの〝発見〟があるはずです。携帯しやすいサイズの講談社のブルーバックスシリーズを、ぜひ、旅のお供にどうぞ。

コロナ禍は終息したわけではありませんが、〝一段落〟してきた感があります。街にも活気が戻ってきました。しかし、ロシアによるウクライナ侵攻は終わることなく、物価の上昇も続いています。世の中には相変わらず「不安」があふれています。

そんな時代だからこそ、多くの人々が楽しむことができる古生物学は、みなさんの〝心を支える科学〟になると私は信じています。化石に基づき、化石からわかる世界が、あなたの心を豊かにしてくれることでしょう。科学が科楽になる。古生物学は、その一翼を担う学問であると思います。

あなたのまわりを見回してみてください。あなたが思っているよりも、実は身近に〝古生物好き〟はいるものです。学校で、会社で、仲間のいる場所で、ぜひ本書を開いてみてください。声をかけてきた〝同志〟と議論や化石談義をお楽しみいただければと思います。

群馬県立自然史博物館のみなさまには、シリーズ全3巻にわたって、細部までご確認いただきました。本当にありがとうございます。また、国内外の研究者のみなさま、博物館のご担当者さまには、貴重な化石画像をご提供いただきました。重ねて感謝いたします。

妻（土屋香）には、初稿段階で多くの助言をもらいました。

編集は、シリーズを通して、講談社の森定泉さんです。そして今回も、講談社の動く図鑑ＭＯ

VE『大むかしの生きもの』や『恐竜』のイラストレーターの方々に新たにイラストを描いていただきました。

本書で初めてこのシリーズに触れた、という方は、少し時間を溯ってみるのはいかがでしょうか？　生命誕生から恐竜時代前夜――約2億5200万年前の古生代末までをあつかった「古生代編」、恐竜時代に焦点を当てた「中生代編」はすでに書店に並んでおります。

新生代開幕までに、生命はどのような歴史を綴ってきたのか。ぜひ、ご確認ください。

最後までおつきあいいただいた読者のみなさまに重ねての大感謝を。

ありがとうございます。

2022年夏から約1年半にわたって綴ってきました「生命の大進化40億年史シリーズ」はこれにておしまいです。シリーズ読破のみなさまに、尊敬と感謝の意をここに。

そして、シリーズは終わりましたが、実は、新たな監修者のもと、編集の森定さんと、新たな一冊を進めています。遠からず、情報も解禁となり、お知らせできるかと思います。お楽しみに。

2023年9月　サイエンスライター　土屋　健

Angela R. Perri, Kieren J. Mitchell, Alice Mouton, Sandra Álvarez-Carretero, Ardern Hulme-Beaman, James Haile, Alexandra Jamieson, Julie Meachen, Audrey T. Lin, Blaine W. Schubert, Carly Ameen, Ekaterina E. Antipina, Pere Bover, Selina Brace, Alberto Carmagnini, Christian Carøe, Jose A. Samaniego Castruita, James C. Chatters, Keith Dobney, Mario dos Reis, Allowen Evin, Philippe Gaubert, Shyam Gopalakrishnan, Graham Gower, Holly Heiniger, Kristofer M. Helgen, Josh Kapp, Pavel A. Kosintsev, Anna Linderholm, Andrew T. Ozga, Samantha Presslee, Alexander T. Salis, Nedda F. Saremi, Colin Shew, Katherine Skerry, Dmitry E. Taranenko, Mary Thompson, Mikhail V. Sablin, Yaroslav V. Kuzmin, Matthew J. Collins, Mikkel-Holger S. Sinding, M. Thomas P. Gilbert, Anne C. Stone, Beth Shapiro, Blaire Van Valkenburgh, Robert K. Wayne, Greger Larson, Alan Cooper, Laurent A. F. Frantz, 2021, Dire wolves were the last of an ancient New World canid lineage, Nature, vol.591, p87-91

Borja Figueirido, Alberto Martín-Serra, Christine M. Janis, 2016, Ecomorphological determinations in the absence of living analogues:the predatory behavior of the marsupial lion (*Thylacoleo carnifex*) as revealed by elbow joint morphology, Paleobiology, 42(3), p508-531, https://doi.org/10.1017/pab.2015.55

Borja Figueirido, Stephan Lautenschlager, Alejandro Pérez-Ramos, Blaire Van Valkenburgh, 2018, Distinct Predatory Behaviors in Scimitar- and Dirk-Toothed Sabertooth Cats, Current Biology, https://doi.org/10.1016/j.cub.2018.08.012

Caitlin Brown, Mairin Balisi, Christopher A. Shaw, Blaire Van Valkenburgh, 2017, Skeletal trauma reflects hunting behaviour in extinct sabre-tooth cats and dire wolves, Nature Ecology & Evolution, 1, 0131, DOI: 10.1038/s41559-017-0131

Cajus G. Diedrich, 2009, Upper Pleistocene *Panthera leo spelaea* (Goldfuss, 1810) remains from the Bilstein Caves (Sauerland Karst) and contribution to the steppe lion taphonomy, palaeobiology and sexual dimorphism, Annales de Paléontologie, 95(3), p117–138

Cajus G. Diedrich, 2011, The largest European lion *Panthera leo spelaea* (Goldfuss 1810) population from the Zoolithen Cave, Germany: specialised cave bear predators of Europe, Historical Biology: An International Journal of Paleobiology, 23(2-3), p271-311

Christine M. Janis, Karalyn Buttrill, Borja Figueirido, 2014, Locomotion in Extinct Giant Kangaroos: Were Sthenurines Hop-Less Monsters? PLoS ONE 9(10): e109888. doi:10.1371/journal.pone.0109888

Christopher R. Scotese, Haijun Song, Benjamin J. W. Mills, Douwe G. van der Meer, 2021, Phanerozoic paleotemperatures: The earth's changing climate during the last 540 million years, Earth-Science Reviews, 215, 103503

Jean-Jacques Hublin, Abdelouahed Ben-Ncer, Shara E. Bailey, Sarah E. Freidline, Simon Neubauer, Matthew M. Skinner, Inga Bergmann, Adeline Le Cabec, Stefano Benazzi, Katerina Harvati, Philipp Gunz, 2017, New fossils from Jebel Irhoud, Morocco and the pan-African origin of *Homo sapiens*, Nature, vol.546, p289-295

Katherine Long, Donald Prothero, Meena Madan, Valerie J. P. Syverson, 2017, Did saber-tooth kittens grow up musclebound? A study of postnatal limb bone allometry in felids from the Pleistocene of Rancho La Brea, PLoS ONE, 12(9): e0183175, doi:10.1371/journal.pone.0183175

Masaya Iijima, Yu Qiao, Wenbin Lin, Youjie Peng, Minoru Yoneda, Jun Liu, 2022, An intermediate crocodylian linking two extant gharials from the Bronze Age of China and its human-induced extinction, Proc. R. Soc., B 289:20220085, https://doi.org/10.1098/rspb.2022.0085

Mathias Stiller, Gennady Baryshnikov, Hervé Bocherens, Aurora Grandal d'Anglade, Brigitte Hilpert, Susanne C. Münzel, Ron Pinhasi, Gernot Rabeder, Wilfried Rosendahl, Erik Trinkaus, Michael Hofreiter, Michael Knapp, 2010, Withering Away—25,000 Years of Genetic Decline Preceded Cave Bear Extinction, Mol. Biol. Evol., 27(5), p975–978, http://doi.org/10.1093/molbev/msq083

Naoto Handa, Luca Pandolfi, 2016, Reassessment of the Middle Pleistocene Japanese Rhinoceroses (Mammalia, Rhinocerotidae) and Paleobiogeographic Implications, Paleontological Research, 20(3), p247–260

Shintaro Ogino, Hiroyuki Otsuka, 2008, New middle Pleistocene Galictini (Mustelidae, Carnivora) from the Matsugae cave deposits, northern Kyushu, West Japan, Paleontological Research, 12(2), p159–166

Shintaro Ogino, Hiroyuki Otsuka, Hideji Harunari, 2009, The middle Pleistocene Matsugae Fauna, Northern Kyushu, West Japan, Paleontological Research,13(4), p367–384

Afrotheria). PLoS ONE 8(4): e59146. doi:10.1371/journal.pone.0059146
Tito Aureliano, Aline M. Ghilardi, Edson Guilherme, Jonas P. Souza-Filho, Mauro Cavalcanti, Douglas Riff, 2015, Morphometry, Bite-Force, and Paleobiology of the Late Miocene Caiman *Purussaurus brasiliensis*, PLoS ONE, 10(2), e0117944, doi:10.1371/journal.pone.0117944
Thaís Rabito Pansani, Fellipe Pereira Muniz, Alexander Cherkinsky, Mírian Liza Alves Forancelli Pacheco, Mário André Trindade Dantas, 2019, Isotopic paleoecology (δ^{13}C, δ^{18}O) of Late Quaternary megafauna from Mato Grosso do Sul and Bahia States, Brazil, Quaternary Science Reviews, 221, 105864
Victor J. Perez, Ronny M. Leder, Teddy Badaut, 2021, Body length estimation of Neogene macrophagous lamniform sharks (*Carcharodon* and *Otodus*) derived from associated fossil dentitions, Palaeontologia Electronica, 24(1): a09, https://doi.org/10.26879/1140
Warren D. Handley, Anusuya Chinsamy, Adam M. Yates, Trevor H. Worthy, 2016, Sexual dimorphism in the late Miocene mihirung *Dromornis stirtoni* (Aves: Dromornithidae) from the Alcoota Local Fauna of central Australia, Journal of Vertebrate Paleontology

【第３章】
《一般書籍》
『怪異古生物考』監修：荻野慎諧，著：土屋 健，絵：久 正人, 2018年刊行，技術評論社
『化石が語る サルの進化・ヒトの誕生』著：高井正成，中務真人, 2022年刊行，丸善出版
『化石になりたい』監修：前田晴良，著：土屋 健, 2018年刊行，技術評論社
『恐竜・古生物に聞く 第６の大絶滅、君たち(人類)はどう生きる？』監修：芝原暁彦，著：土屋 健，絵：ツク之助, 2021年刊行，イースト・プレス
『講談社の動く図鑑MOVE 動物 新訂版』監修：山極寿一, 2015年刊行，講談社
『古生物学の百科事典』編集：日本古生物学会, 2023年刊行，丸善出版
『古生物出現！ 空想トラベルガイド』著：土屋 健, 2023年刊行，早川書房
『古生物のしたたかな生き方』監修：芝原暁彦，著：土屋 健，画：田中順也, 2020年刊行，幻冬舎
『古第三紀・新第三紀・第四紀の生物 下巻』監修：群馬県立自然史博物館，著：土屋 健, 2016年刊行，技術評論社
『新版 絶滅哺乳類図鑑』著：冨田幸光，伊藤丙雄，岡本泰子, 2011年刊行，丸善
『人類の進化 大図鑑』編著：アリス・ロバーツ, 2012年刊行，河出書房新社
『生命40億年全史』著：リチャード・フォーティ, 2003年刊行，草思社
『ゼロから楽しむ 古生物 姿かたちの移り変わり』監修：芝原暁彦，著：土屋 健，イラスト：土屋 香, 2021年刊行，技術評論社
『地球生命 水際の興亡史』監修：松本涼子，小林快次，田中嘉寛，著：土屋 健，イラスト：かわさきしゅんいち, 2021年刊行，技術評論社
『ネアンデルタール人は私たちと交配した』著：スヴァンテ・ペーボ, 2015年刊行，文藝春秋
『プリニウスの博物誌 2』(第7巻～第11巻)訳：中野忠雄，中野里美，中野美代, 2012年刊行，雄山閣
『ワニと龍』著：青木良輔, 2001年刊行，平凡社
『MEGAFAUNA』著：Richard A. Fariña, Sergio F. Vizcaíno, Gerry De Iuliis, 2013年刊行, Indiana University Press
《特別展図録》
『太古の哺乳類展』国立科学博物館, 2014年
『特別展 マンモス「YUKA」』パシフィコ横浜, 2013年
《WEBサイト》
岩手県立博物館デジタルアーカイブ, https://jmapps.ne.jp/iwtkhk/
奥州市Web博物館, https://www.city.oshu.iwate.jp/site/webmuse/
気象庁, https://www.jma.go.jp/
葛生化石館, https://www.city.sano.lg.jp/sp/kuzuukasekikan/
『絶滅オオカミ「ダイアウルフ」、実はオオカミと遠縁だった』，ナショナル ジオグラフィック，2021年1月16日, https://natgeo.nikkeibp.co.jp/atcl/news/21/011500021/
千葉県立博物館 資料データベース, http://search.chiba-muse.or.jp/DB/
日本第四紀学会, http://quaternary.jp/
路線バスの基礎知識，横浜市, https://www.city.yokohama.lg.jp/kurashi/machizukuri-kankyo/kotsu/bus_kotsu/kisochishiki.html
《学術論文など》
荻野慎太郎, 2009, グリソン類(イタチ科, 食肉目)の分類の現状, 化石, vol.85, p54-62
黒澤弥悦, 2008, モノが語る牛と人間の文化 ２岩手の牛たち, LIAJ NEWS, No.109, p29-31
Aldo Manzuetti, Daniel Perea, Washington Jones, Martín Ubilla, Andrés Rinderknecht, 2020, An extremely large saber-tooth cat skull from Uruguay (late Pleistocene–early Holocene, Dolores Formation): body size and paleobiological implications, Alcheringa: An Australasian Journal of Palaeontology, https://doi.prg/10.1080/03115518.2019.1701080

Guy Sisma-Ventura, Nicolas Straube, Jürgen Pollerspöck, Jean-Jacques Hublin, Robert A. Eagle, and Thomas Tütken, 2022, Trophic position of *Otodus megalodon* and great white sharks through time revealed by zinc isotopes, Nature Communications, 13(1):2980, https://doi.org/10.1038/s41467-022-30528-9
John Kappelman, Richard A. Ketcham, Stephen Pearce, Lawrence Todd, Wiley Akins, Matthew W. Colbert, Mulugeta Feseha, Jessica A. Maisano, Adrienne Witzel, 2016, Perimortem fractures in Lucy suggest mortality from fall out of tall tree, Nature, vol.537, p503-507
Josep Quintana, Meike Köhler & Salvador Moyà-Solà, 2011, *Nuralagus rex*, gen. et sp. nov., an endemic insular giant rabbit from the Neogene of Minorca (Balearic Islands, Spain), Journal of Vertebrate Paleontology, 31(2), p231-240
Kenshu Shimada, 2019, The size of the megatooth shark, *Otodus megalodon* (Lamniformes: Otodontidae), revisited, Historical Biology, https://doi.org/10.1080/08912963.2019.1666840
Kenshu Shimada, Harry M. Maisch IV, Victor J. Perez, Martin A. Becker, Michael L. Griffiths, 2022, Revisiting body size trends and nursery areas of the Neogene megatooth shark, *Otodus megalodon* (Lamniformes: Otodontidae), reveals Bergmann's rule possibly enhanced its gigantism in cooler waters, Historical Biology, https://doi.org/10.1080/08912963.2022.2032024
Kenshu Shimada , Matthew F. Bonnan , Martin A. Becker, Michael L. Griffiths, 2021, Ontogenetic growth pattern of the extinct megatooth shark *Otodus megalodon*—implications for its reproductive biology, development, and life expectancy, Historical Biology, https://doi.org/10.1080/08912963.2020.1861608
Kenshu Shimada, Yuta Yamaoka, Yukito Kurihara, Yuji Takakuwa, Harry M. Maisch IV, Martin A. Becker, Robert A. Eagle, Michael L. Griffiths, 2023, Tessellated calcified cartilage and placoid scales of the Neogene megatooth shark, *Otodus megalodon* (Lamniformes: Otodontidae), offer new insights into its biology and the evolution of regional endothermy and gigantism in the otodontid clade, Historical Biology, http://doi.org/10.1080/08912963.2023.2211597
Konami Ando, Shin-ichi Fujiwara, 2016, Farewell to life on land – thoracic strength as a new indicator to determine paleoecology in secondary aquatic mammals, J. Anat., http://doi.org/10.1111/joa.12518
Mauricio Antón, Gema Siliceo, Juan Francisco Pastor, Jorge Morales, Manuel J. Salesa, 2020, The early evolution of the sabre-toothed felid killing bite: the significance of the cervical morphology of *Machairodus aphanistus* (Carnivora: Felidae: Machairodontinae), Zoological Journal of the Linnean Society, 188(1), p319–342
Megu Gunji, Hideki Endo, 2016, Functional cervicothoracic boundary modified by anatomical shifts in the neck of giraffes, R. Soc. open sci., 3: 150604, https://doi.org/10.1098/rsos.150604
Melinda Danowitz, Aleksandr Vasilyev, Victoria Kortlandt, Nikos Solounias, 2015, Fossil evidence and stages of elongation of the *Giraffa camelopardalis* neck, R. Soc. open sci., 2(10): 150393, http://dx.doi.org/10.1098/rsos.150393
Michael L. Griffiths, Robert A. Eagle, Sora L. Kim, Randon J. Flores, Martin A. Becker, Harry M. Maisch IV, Robin B. Trayler, Rachel L. Chan, Jeremy McCormack, Alliya A. Akhtar, Aradhna K. Tripati, Kenshu Shimada, 2023, Endothermic physiology of extinct megatooth sharks, PNAS, vol.120, no.27 ,e2218153120, https://doi.org/10.1073/pnas.2218153120
Olivier Lambert, Giovanni Bianucci, Klaas Post, Christian de Muizon, Rodolfo Salas-Gismondi, Mario Urbina, Jelle Reumer, 2010, The giant bite of a new raptorial sperm whale from the Miocene epoch of Peru, Nature, vol.466, p105-108,p1134
Philip G. Cox, Andrés Rinderknecht, R. Ernesto Blanco, 2015, Predicting bite force and cranial biomechanics in the largest fossil rodent using finite element analysis, J. Anat., 226, p215-223
Richard A. Fariña, Ada Czerwonogora, Mariana Di Giacomo, 2014, Splendid oddness: revisiting the curious trophic relationships of South American Pleistocene mammals and their abundance, Anais da Academia Brasileira de Ciências, 86(1), p311-331
Robert W. Boessenecker, Dana J. Ehret, Douglas J. Long, Morgan Churchill, Evan Martin, Sarah J. Boessenecker, 2019, The Early Pliocene extinction of the mega-toothed shark *Otodus megalodon*: a view from the eastern North Pacific, PeerJ, 7:e6088, DOI:10.7717/peerj.6088
Shoji Hayashi, Alexandra Houssaye, Yasuhisa Nakajima, Kentaro Chiba, Tatsuro Ando, Hiroshi Sawamura, Norihisa Inuzuka, Naotomo Kaneko, Tomohiro Osaki, 2013, Bone Inner Structure Suggests Increasing Aquatic Adaptations in Desmostylia (Mammalia,

『古生物食堂』料理監修：松郷庵 甚五郎 二代目，生物監修：古生物食堂研究者チーム，著：土屋 健，絵：黒丸, 2019年刊行，技術評論社
『古第三紀・新第三紀・第四紀の生物 上巻』監修：群馬県立自然史博物館，著：土屋 健, 2016年刊行，技術評論社
『古第三紀・新第三紀・第四紀の生物 下巻』監修：群馬県立自然史博物館，著：土屋 健, 2016年刊行，技術評論社
『人体600万年史』（上、下）著：ダニエル・E・リーバーマン, 2015年刊行，早川書房
『新版 絶滅哺乳類図鑑』文：冨田幸光，イラスト：伊藤丙雄，岡本泰子, 2011年刊行，丸善
『人類の進化大図鑑』編著：アリス・ロバーツ, 2012年刊行，河出書房新社
『生命と地球の進化アトラス３』著：イアン・ジェンキンス, 2004年刊行，朝倉書店
『ゼロから楽しむ 古生物 姿かたちの移り変わり』監修：芝原暁彦，著：土屋 健，イラスト：土屋 香，2021年刊行，技術評論社
『地球生命 水際の興亡史』監修：松本涼子，小林快次，田中嘉寛，著：土屋 健，イラスト：かわさきしゅんいち, 2021年刊行，技術評論社
『地球生命 無脊椎の興亡史』監修：田中源吾，栗原憲一，椎野勇太，中島 礼，大山 望，著：土屋 健，イラスト：かわさきしゅんいち, 2023年刊行，技術評論社
『日本の長鼻類化石』編著：亀井節夫, 1991年刊行，築地書館
《企画展図録》
『太古の哺乳類展』国立科学博物館, 2014年
《WEBサイト》
「馬の豆知識」，みんなの乗馬, https://www.minnano-jouba.com/mame_chishiki06.html
京都大学大学院理学研究科地球惑星科学専攻地質学鉱物学分野地球生物圏史分科, https://bs.kueps.kyoto-u.ac.jp/
三重県総合博物館, https://www.bunka.pref.mie.lg.jp/MieMu/
《学術論文など》
中島 礼, 2007，タカハシホタテっていったいどんな生物？，化石, vol.81, p90-98
Asier Larramendi, 2016, Shoulder height, body mass, and shape of proboscideans, Acta Palaeontologica Polonica, 61 (3), p537–574
Borja Figueirido, Stephan Lautenschlager, Alejandro Pérez-Ramos, Blaire Van Valkenburgh, 2018, Distinct Predatory Behaviors in Scimitar- and Dirk-Toothed Sabertooth Cats, Current Biology, https://doi.org/10.1016/j.cub.2018.08.012
Catalina Pimiento, Bruce J. MacFadden, Christopher F. Clements, Sara Varela, Carlos Jaramillo, Jorge Velez-Juarbe, Brian R. Silliman, 2016, Geographical distribution patterns of *Carcharocles megalodon* over time reveal clues about extinction mechanisms, Journal of Biogeography, 43(8), p1645–1655
Christine M. Janis, Borja Figueirido, Larisa DeSantis, Stephan Lautenschlager, 2020, An eye for a tooth: *Thylacosmilus* was not a marsupial“saber-tooth predator”. PeerJ, 8:e9346 http://doi.org/10.7717/peerj.9346
Christopher Basu, Peter L. Falkingham, John R. Hutchinson, 2016, The extinct, giant giraffid *Sivatherium giganteum*: skeletal reconstruction and body mass estimation, Biol. Lett., 12: 20150940, http://dx.doi.org/10.1098/rsbl.2015.0940
Christopher R. Scotese, Haijun Song, Benjamin J. W. Mills, Douwe G. van der Meer, 2021, Phanerozoic paleotemperatures: The earth’s changing climate during the last 540 million years, Earth-Science Reviews, 215, 103503
Deng Tao, Zhang Yun-Xiang, Zhijie J. Tseng, Hou Su-Kuan, 2016, A skull of *Machairodus horribilis* and new evidence for gigantism as a mode of mosaic evolution in machairodonts (Felidae, Carnivora), Vertebrata PalAsiatica, vol.54, 4, p302-318
E.-A. Cadena, T. M. Scheyer, J. D. Carrillo-Briceño, R. Sánchez, O. A Aguilera-Socorro, A. Vanegas, M. Pardo, D. M. Hansen, M. R. Sánchez-Villagra, 2020, The anatomy, paleobiology, and evolutionary relationships of the largest extinct side-necked turtle, Sci. Adv., 6(7)：eaay4593
Emma R. Kast, Michael L. Griffiths, Sora L. Kim, Zixuan C. Rao, Kenshu Shimada, Martin A. Becker, Harry M. Maisch, Robert A. Eagle, Chelesia A. Clarke, Allison N. Neumann, Molly E. Karnes, Tina Lüdecke, Jennifer N. Leichliter, Alfredo Martínez-García, Alliya A. Akhtar, Xingchen T. Wang, Gerald H. Haug, Daniel M. Sigman, 2022, Cenozoic megatooth sharks occupied extremely high trophic positions, Sci. Adv., 8(25), eabl6529
Jack A. Cooper, John R. Hutchinson, David C. Bernvi, Geremy Cliff, Rory P. Wilson, Matt L. Dicken, Jan Menzel, Stephen Wroe, Jeanette Pirlo, Catalina Pimiento, 2022, The extinct shark *Otodus megalodon* was a transoceanic superpredator: Inferences from 3D modeling,
Jeremy McCormack, Michael L. Griffiths, Sora L. Kim, Kenshu Shimada, Molly Karnes, Harry Maisch, Sarah Pederzani, Nicolas Bourgon, Klervia Jaouen, Martin A. Becker, Niels Jöns,

Dawn Baleen Whales in Mexico (Cetacea, Eomysticetidae) and Palaeo-biogeographic Notes, Paleontología Mexicana, vol.11, no.1, p1-12
Jason J. Head, Jonathan I. Bloch, Alexander K. Hastings, Jason R. Bourque, Edwin A. Cadena, Fabiany A. Herrera, P. David Polly, Carlos A. Jaramillo, 2009, Giant boid snake from the Palaeocene neotropics reveals hotter past equatorial temperatures, nature, vol.457, p715-717
Jason J. Head, Jonathan I. Bloch, Jorge Moreno-Bernal, Aldo Fernando Rincon Burbano, Jason Bourque, 2013, Cranial osteology, body size, systematics, Program and Abstracts and ecology of the giant Paleocene snake *Titanoboa cerrejonensis*, Technical Session V, Abstract., the Society of Vertebrate Paleontology
Jens L. Franzen, Philip D. Gingerich, Jörg Habersetzer, Jørn H. Hurum, Wighart von Koenigswald, B. Holly Smith, 2009, Complete Primate Skeleton from the Middle Eocene of Messel in Germany: Morphology and Paleobiology, PLoS ONE, 4(5): e5723, doi:10.1371/journal.pone.0005723
Konami Ando, Shin-ichi Fujiwara, 2016, Farewell to life on land – thoracic strength as a new indicator to determine paleoecology in secondary aquatic mammals, Journal of Anatomy, vol.229, p768-777, doi: 10.1111/joa.12518
Lucila I. Amador, Nancy B. Simmons, Norberto P. Giannini, 2019, Aerodynamic reconstruction of the primitive fossil bat *Onychonycteris finneyi* (Mammalia: Chiroptera), Biol. Lett., 15:20180857, http://dx.doi.org/10.1098/rsbl.2018.0857
Manja Voss, Mohammed Sameh M. Antar, Iyad S. Zalmout, Philip D. Gingerich, 2019, Stomach contents of the archaeocete *Basilosaurus isis*: Apex predator in oceans of the late Eocene. PLoS ONE, 14(1), e0209021, doi:10.1371/journal.pone.0209021
Masakazu Asahara, Masahiro Koizumi, Thomas E. Macrini, Suzanne J. Hand, and Michael Archer, 2016, Comparative cranial morphology in living and extinct platypuses: Feeding behavior, electroreception, and loss of teeth, Science Advances vol.2, e1601329
Olivier Lambert, Manuel Martínez-Cáceres, Giovanni Bianucci, Claudio Di Celma, Rodolfo Salas-Gismondi, Etienne Steurbaut, Mario Urbina, Christian de Muizon, 2017, Earliest Mysticete from the Late Eocene of Peru Sheds New Light on the Origin of Baleen Whales,Current Biology, vol.27, p1535–1541
Philip D. Gingerich, Munir ul-Haq, Wighart von Koenigswald, William J. Sanders, B. Holly Smith, Iyad S. Zalmout, 2009, New Protocetid Whale from the Middle Eocene of Pakistan: Birth on Land, Precocial Development, and Sexual Dimorphism, PLoS ONE, 4(2): e4366, doi:10.1371/journal.pone.0004366
Ryoko Matsumoto, Susan E. Evans, 2010, Choristoderes and the freshwater assemblages of Laurasia, Journal of Iberian Geology, 36 (2), p253-274
Ryoko Matsumoto, Susan E. Evans, 2016, Morphology and function of the palatal dentition in Choristodera, Journal of Anatomy,vol.228, p414-429 doi: 10.1111/joa.12414
Shoji Hayashi, Alexandra Houssaye, Yasuhisa Nakajima, Kentaro Chiba, Tatsuro Ando, Hiroshi Sawamura, Norihisa Inuzuka, Naotomo Kaneko, Tomohiro Osaki, 2013, Bone Inner Structure Suggests Increasing Aquatic Adaptations in Desmostylia (Mammalia, Afrotheria). PLoS ONE 8(4): e59146. doi:10.1371/journal.pone.0059146
Tao Deng, Xiaokang Lu, Shiqi Wang, Lawrence J. Flynn, Danhui Sun, Wen He, Shanqin Chen, 2021, An Oligocene giant rhino provides insights into *Paraceratherium* evolution, Communications Biology, 4:639, https://doi.org/10.1038/s42003-021-02170-6
Tatsuro Ando, R. Ewan Fordyce, 2014, Evolutionary drivers for flightless, wing-propelled divers in the Northern and Southern Hemispheres, Palaeogeography, Palaeoclimatology, Palaeoecology, vol.400 , p50–61

【第２章】

《一般書籍》

『怪異古生物考』監修：荻野慎諧，著：土屋 健，イラスト：久 正人, 2018年刊行，技術評論社
『海洋生命5億年史』監修：田中源吾，冨田武照，小西卓哉，田中嘉寛，著：土屋 健, 2018年刊行，文藝春秋
『学名で楽しむ恐竜・古生物』監修：芝原暁彦，著：土屋 健，絵：谷村 諒, 2020年刊行，イースト・プレス
『化石図鑑』著：中島 礼，利光誠一, 2011年刊行，誠文堂新光社
『化石ドラマチック』監修：芝原暁彦，著：土屋 健，絵：ツク之助, 2020年刊行，イースト・プレス
『角川の集める図鑑GET！ 絶滅動物』監修：高桑祐司, 2022年刊行, KADOKAWA
『講談社の動く図鑑MOVE 動物 新訂版』監修：山極寿一, 2015年刊行，講談社
『古生物学事典 第2版』編集：日本古生物学会, 2010年刊行，朝倉書店
『古生物学の百科事典』編集：日本古生物学会, 2023年刊行，丸善出版

もっと詳しく知りたい読者のための参考資料

本書を執筆するにあたり、とくに参考にした主要な文献は次の通り。なお、邦訳があるものに関しては、一般に入手しやすい邦訳版をあげた。また、WEBサイトに関しては、専門の研究機関もしくは研究者、それに類する組織・個人が運営しているものを参考とした。WEBサイトの情報は、あくまでも執筆時点での参考情報であることに注意。

※本書に登場する年代値は、とくに断りのないかぎり, International Commission on Stratigraphy, 2023/06, INTERNATIONAL CHRONO STRATIGRAPHIC CHARTを使用している。

※本文中で紹介されている論文等の執筆者の所属は、とくに言及がない限り、その論文の発表時点のものであり、必ずしも現在の所属ではない点に注意されたい。

【第1章】

《一般書籍》

『海洋生命5億年史』監修：田中源吾, 冨田武照, 小西卓哉, 田中嘉寛, 著：土屋 健, 2018年刊行, 文藝春秋

『講談社の動く図鑑MOVE 鳥』監修：川上和人, 2011年刊行, 講談社

『古生物学事典 第2版』編集：日本古生物学会, 2010年刊行, 朝倉書店

『古生物学の百科事典』編集：日本古生物学会, 2023年刊行, 丸善出版

『古第三紀・新第三紀・第四紀の生物 上巻』監修：群馬県立自然史博物館, 著：土屋 健, 2016年刊行, 技術評論社

『最新 世界の犬種大図鑑』著：藤田りか子, 編集協力：リネー・ヴィレス, 2015年刊行, 誠文堂新光社

『ザ・リンク』著：コリン・タッジ, 2009年刊行, 早川書房

『新版 絶滅哺乳類図鑑』著：冨田幸光, イラスト：伊藤丙男, 岡本泰子, 2011年刊行, 丸善株式会社

『生命と地球の進化アトラスIII』著：イアン・ジェンキンス, 2004年刊行, 朝倉書店

『ゼロから楽しむ古生物 姿かたちの移り変わり』監修：芝原暁彦, 著：土屋 健, イラスト：土屋 香, 2021年刊行, 技術評論社

『地球生命 水際の興亡史』監修：松本涼子, 小林快次, 田中嘉寛, 著：土屋 健, 2021年刊行, 技術評論社

『Dogs: Their Fossil Relatives & Evolutionary History』著：Xiaoming Wang, Richard H. Tedford, 絵：Mauricio Anton, 2008年刊行, Columbia University Press

《企画展図録》

『生命大躍進』2015年, 国立科学博物館

『特別展 化石動物園』2018年, 群馬県立自然史博物館

《WEBサイト》

「足のつき方, 野生の王国 群馬サファリパーク, 2021年2月16日, https://www.safari.co.jp/blog/4247/

Eomysticetus Whitmorei, New York Institute of Technology, https://www.nyit.edu/medicine/eomysticetus_whitmorei

Murgon Bat, Australian Museum, https://australian.museum/learn/australia-over-time/extinct-animals/australonycteris-clarkae/

《学術論文など》

Alexander G. S. C. Liu, Erik R. Seiffert, Elwyn L. Simons, 2008, Stable isotope evidence for an amphibious phase in early proboscidean evolution, PNAS, vol.105, no.15, p5786-5791

Carlos Mauricio Peredo, Nicholas D. Pyenson, Christopher D. Marshall, Mark D. Uhen, 2018, Tooth Loss Precedes the Origin of Baleen in Whales, Current Biology, vol.28, p3992-4000,

Christopher R. Scotese, Haijun Song, Benjamin J. W. Mills, Douwe G. van der Meer, 2021, Phanerozoic paleotemperatures: The earth's changing climate during the last 540 million years, Earth-Science Reviews, vol.215, 103503

D. Angst, C. Lécuyer, R. Amiot, E. Buffetaut, F. Fourel, F. Martineau, S. Legendre, A. Abourachid, A. Herrel, 2014, Isotopic and anatomical evidence of an herbivorous diet in the Early Tertiary giant bird *Gastornis*. Implications for the structure of Paleocene terrestrial ecosystems, Naturwissenschaften, vol.101, p313-322

Daniel T. Ksepka, 2014, Flight performance of the largest volant bird, PNAS, vol.111, no.29, p10624–10629

Daniel T. Ksepka, Daniel J. Field, Tracy A. Heath, Walker Pett, Daniel B. Thomas, Simone Giovanardi, Alan J. D. Tennyson, 2023, Largest-known fossil penguin provides insight into the early evolution of sphenisciform body size and flipper anatomy, Journal of Paleontology, vol.97, no.2, doi: 10.1017/jpa.2022.88

Eric Snively, Julia M. Fahlke, Robert C. Welsh, 2015, Bone-Breaking Bite Force of *Basilosaurus isis* (Mammalia, Cetacea) from the Late Eocene of Egypt Estimated by Finite Element Analysis, PLoS ONE, 10 (2): e0118380, doi:10.1371/journal.pone.0118380

Hernández-Cisneros, Atzcalli Ehécatl, Nava-Sánchez, Enrique Hiparco, 2022, Oligocene

【ま行】

【や行】

【ら行】

【わ行】

【た行】

【な行】

【は行】

索引

N.D.C.007　318p　18cm

ブルーバックス　B-2242

カラー図説《ずせつ》
生命《せいめい》の大進化《だいしんか》40億年史《おくねんし》　新生代編《しんせいだいへん》
哺乳類の時代──多様化、氷河の時代、そして人類の誕生

2023年10月20日　第1刷発行

著者　土屋《つちや》　健《けん》
監修者　群馬県立自然史博物館《ぐんまけんりつしぜんしはくぶつかん》
発行者　髙橋明男
発行所　株式会社講談社
〒112-8001　東京都文京区音羽2-12-21
電話　出版　03-5395-3524
販売　03-5395-4415
業務　03-5395-3615
印刷所　（本文印刷）株式会社ＫＰＳプロダクツ
（カバー表紙印刷）信毎書籍印刷株式会社
製本所　株式会社国宝社

ISBN978－4－06－533647－2

発刊のことば

科学をあなたのポケットに

二十世紀最大の特色は、それが科学時代であるということです。科学は日に日に進歩を続け、止まるところを知りません。ひと昔前の夢物語もどんどん現実化しており、今やわれわれの生活のすべてが、科学によってゆり動かされているといっても過言ではないでしょう。

そのような背景を考えれば、学者や学生はもちろん、産業人も、セールスマンも、ジャーナリストも、家庭の主婦も、みんなが科学を知らなければ、時代の流れに逆らうことになるでしょう。

ブルーバックス発刊の意義と必然性はそこにあります。このシリーズは、読む人に科学的に物を考える習慣と、科学的に物を見る目を養っていただくことを最大の目標にしています。そのためには、単に原理や法則の解説に終始するのではなくて、政治や経済など、社会科学や人文科学にも関連させて、広い視野から問題を追究していきます。科学はむずかしいという先入観を改める表現と構成、それも類書にないブルーバックスの特色であると信じます。

一九六三年九月　野間省一